佈局決定格局

王祚彥 著

——如何在互聯網、大數據時代脫穎而出？
大商為你指點迷津……

【目錄】contents

世界霸主，一夕崩潰

很多人問，也有很多人提出說明，諾基亞（NOKIA）是怎麼崩盤的？

擁有全世界頂尖菁英於一堂的諾基亞，怎麼會沒有預估到，自己的公司即將步向滅亡？一句集團員工天天奉為圭臬的法條「科技始終來自人性（Human Technology）」，最終也因發展的科技拋棄了人性，而導致步向滅亡，我們不禁要問——怎麼會這樣？

ＭＰ3的問世，拯救了蘋果 Apple

當世界第一個音樂播放器ＭＰ3播放器發明後，即刻顛覆了當時的音樂世界，取代已經蕭條的黑膠唱片及光碟（Compact Disc）等，也讓所有與音樂有關的播放碟、唱片等，一步步走向壽終。音樂產業又重新洗牌，這也應證了「人性」的巨大力量，可是為何發明ＭＰ3的MPMAN公司，自身發展平平，卻拯救了蘋果（Apple）？

數位相機是柯達 Kodak 發明的

發明全世界第一台數位相機的，就是稱霸相機、電影膠片等的伊士曼柯達（Eastman Kodak）公司工程師史蒂夫沙森 Steven Sasson，可是何以這個超過一百三十年的公司，會被自己發明的數位相機等技術擊倒，終結了稱霸相機，膠片的霸主地位，還淪落到聲請破產的下場呢？

在瞬息萬變的商業競爭下，雖然沒有永遠的贏家，可是落敗或暫時被擊退的公司，有無再引領風騷的可能呢？答案當然是可能的，像是被擊垮、甚至是幾乎破產的蘋果電腦、華德迪士尼（The Walt Disney Company）等公司，都是在逆境中反敗為勝。又是什麼因素讓這些公司可以反敗為勝，亦或是讓一個新創的公司，得以成為號令天下的霸主呢？

探索這些領袖群倫的公司，是如何洞悉自身產品、公司的「核心價值」，進而布建適合且又創新的「商業模式」，成就號令天下的霸業。而那些無法持續掌握產品、公司的「核心價值」，又遑論會有創新、適當之「商業模式」的公司，就難免走向破敗的命運。

許多有創新技術、超凡產品的公司，因為對自身技術、產品、公司的「核心價值」認知不精確，而布建了不適當的「商業模式」，或是甚至對於「商業模式」的認知、了解等，都還停留在傳統的思維、邏輯、觀念、經驗裡，不但可惜了技術、更可惜了產品的貢獻度、影響力，當然也限制了公司的發展，佈局、規模、成就等。蘋果電腦公司，在史蒂夫・賈伯斯（Steve Jobs）兩次掌握實權後，領導公司所開創的創新佈局，令我們見識到開拓技術、產品、公司等的「核心價值」及其創造出來的「商業模式」，是如何影響一個產品、一個公司的成敗。

而成就事業的成敗、偉大的因素是什麼呢？或許從人類歷史上，仰望「誰」對人類最有貢獻的軌跡中，可以學習到這些「偉人」的生命態度、廣度及深度，學習到經營事業的遠見宏觀、創新格局的寬廣胸懷、洞察商機的「核心價值」及無與倫比的「商業模式」，學習到成為預見未來的「商人」，學習到成為貢獻人類的「大商」。

王祚彥 **Solomon Wang**
2036332022@qq.com
telemede@gmail.com

學歷：

台北海洋技術學院
Taipei College of Maritime Technology
台灣大學 高科技產業概論進修班
Taiwan University Training Class for High-Tect

著作：

大真相、劇本「江山」

經歷：

台灣網路安全協會 創會理事長

創立網路電話＋行動電話整合運用服務

無儲媒電腦（無硬盤工作站）創新服務系統主持人

活象傳媒創辦人

電影策畫：飲食男女２、北京追風、江山、亂針繡、白酒爭鋒

助耕 創辦人

Solotion Connected Limit 創辦人

聯合晚報 自由時報 專欄

chapter1

洞悉「核心價值」成就非凡事業

1 破釜沉舟要具有多大的勇氣

奄奄一息的蘋果電腦，背負著巨大的虧損，再次邀回原始創辦人賈伯斯任總裁。任誰也沒想到，賈伯斯，竟然將一手由他辛苦打造出來，更是投入一輩子青春所設計研發的「麥金塔（Macintosh）」電腦產品給拋棄了，這需要多大的勇氣及毅力啊！這也就算了，他還全心投入不是蘋果自己發明，而且已經是全球氾濫、價格低廉的MP3播放器產品。這對當時的蘋果，算是孤注一擲的最後戰役，難怪當時眾多的評論家說：賈伯斯不是瘋子，便是神人。結果，賈伯斯的豪賭一炮而紅，他是神人。

以上種種，是怎麼發生的？科技的演變是如此的迅速，變化又如此多樣，是否有一些蛛絲馬跡可以依循，企業在如此多變、競爭激烈、廝殺刀刀見血見骨的市場裡，要如何因應，才能避免下場如同諾基亞破滅的命運。

2 核心價值——麥當勞賣的是漢堡嗎？

麥當勞（Mcdonald's），賣的是什麼？是賣漢堡的嗎？如果僅僅只是一個純賣漢堡的食品店，可以做到全球食品業的國王嗎？

一個最簡單的思維，麥當勞就將漢堡做得美味好吃就好了，然後賣給顧客，顧客覺得好吃，就會再來消費，累積眾多喜愛的顧客，自然生意就好，就可以國際連鎖成為食品業的國王了，是這樣嗎？

麥當勞成為全球食品業的國王，代表著美國式的生活文化蔓延全球，而不只是單純賣漢堡這麼簡單。也從來沒有聽過美食家說麥當勞是美食，只說是速食，奇怪也！一個不是美食的速食食品，是怎麼成為國際連鎖食品業的國王，還是多少不同膚色、種族、信仰、文化、語言等國家出生於一九七〇年後的年輕人共同的成長記憶。

僅僅賣漢堡會有這樣的魔力嗎？莫非麥當勞賣的是「魔法漢堡」！

一九六〇年以來，美國文化隨著電影工業竄動

中國風情的麥當勞

全球，迪士尼(Disney)、好萊塢（Hollywood）米奇老鼠（Mickey Mouse）、約翰韋恩（John Wayne）等等美國偶像明星，已漸漸成為各國家喻戶曉的人物，更對富裕的美式生活，產生了憧憬及嚮往，有多少外國人一踏進美國的第一口食物就是漢堡啊！

賣漢堡的麥當勞以美式的管理、衛生標準、消費方式等等，打造出不但全美，而是可以全球複製的營運模式，挾著這股全球對美式文化的強烈追求，不但在全美國展店，更用力的邁出美國，進軍全世界，賣全球一樣的漢堡、一樣的服務、一樣的用餐環境、一樣的消費氛圍、還有一種可以傳承的記憶……。

為了在全世界所有的麥當勞賣一樣的漢堡，不只是配方，連所有食材，甚至是麵包、沾醬等等，都要空運到各國，當然也包含所有包裝、材料，生產設備、生產過程，全球一致化的製作程序、食材的保鮮、解凍要求、烹飪溫度、料理時間、用料順序等等。落實每一個步驟、細節都符合嚴格的規範，一有差錯，就丟棄重做，絕不馬虎，讓每一個客戶吃到的每一口漢堡，都是一樣標準、一樣的品質、一樣的滋味、一樣的滿心歡喜、一樣的讚不絕口。

麥當勞打造全球一樣的服務品質

塑造全球一樣的服務，除了在員工的遴選、培訓等等，有相當的功夫之外，更對員工的思考邏輯、處事態度等等，都授以深化的教育養成，讓全世界每一個麥當勞夥伴，都展現出相同的點餐服務、相同的態度服務、相同的笑容服務。這也是在麥當勞服務的打工生或是正式員工，都有一種在麥當勞服務的氣質及驕傲，不但是各個服務業優先錄取的一群，麥當勞服務，更是各國服務業競相學習的典範。

全世界所有麥當勞的用餐環境都是一樣的，外觀設計、顏色招牌、點餐櫃檯、廣告布置、桌椅造型、位置擺設、動線規畫、環境溫度、衛生配置、清潔標準、兒童專區等等，讓每一個來麥當勞消費的顧客，不但享有相同的服務品質，更有相同的環境品質，甚至是到全球的任何一家麥當勞，除了語言之外，都像是回到自己最熟悉的麥當勞餐飲店。

麥當勞打造全球一樣的服務品質

到任何一個麥當勞，消費者都會感受到相同的消費氛圍，這不僅僅是一樣的漢堡、一樣的用餐環境所塑造，有些麥當勞還有專為兒童設計的遊樂設備、親子互動區、兒童用餐區，以及為不同年齡、性別、客戶等等，特別設計的慶典服務，包含慶典專區、服裝、道具、食材、餐點、活動內容等等的整套慶生、慶婚、慶祝等服務。當然，最重要的消費氛圍，還是來自於從小的記憶——一種可以傳承的記憶。

全世界兒童最早的共同偶像是什麼呢？是大象、猴子、凱蒂貓（Hello kitty）、米奇老鼠（Mickey mouse）？芭比娃娃（Barbie Doll）、還是變形金剛（Transformers）？答案是「小丑」，是有著紅紅鼻子、紅紅大嘴、白白眼圈、瞇瞇眼睛，穿著紅白服、大腳鞋的滑稽人物。

西方的小丑，緣起於馬戲團裡逗觀眾笑的串場人物，麥當勞的創始人麥當勞兄弟，就以這個造型，來迎接所有到店裡用餐的客人，滑稽的樣子，一下子就捕捉到小朋友的心，聰明的麥當勞合夥人，將其塑造成小朋友的偶像，一個永遠不變的廣告詞是，「小朋友，別忘了要你們爸媽帶你來麥當勞喔」！這也是第一個以小朋友為訴求的廣告，而這個神話般的「商業模式」，在「小丑」效應的推波下，竟然創造了你我共同的記憶——一種可以傳承的記憶。

麥當勞賣的是什麼？賣的是漢堡嗎？麥當勞賣的是「魔法漢堡」，而打造這個「魔法漢堡」的卻不是麥當勞的發明創始人麥當勞兄弟，而是買下他們全部股份的克羅克（Ray Kroc），一個專長於業務的銷售商，一個勇敢又有遠見、能洞察先機的營運魔術師，是他讓麥當勞賣的不只是漢堡。

以小朋友為廣告的訴求對象

3 這個「真牛」

紅牛（Red Bull），賣的是什麼？機能飲料、有氧飲料……？

飲料業，一直就是世界級飲料大廠所控制的行業，無論什麼飲料，只要是有市場，這些世界級飲料廠絕對是強占山頭，更何況所有帶動流行、創造流行的飲料，更絕對是世界級飲料大廠主攻的品項，就像可口可樂（Coca Cola）、百事可樂（Pepsi）、寶礦力（Pocari）等等。就連有區域優勢、族群喜好、宗教限制等優勢的高牆保護，這些世界級飲料廠依然所向無敵，強渡關山。

誕生於一九八〇年代，起源於泰國，註冊在奧地利，相對極為小的紅牛飲料廠，如何異軍突起，讓這些世界級的飲料廠個個灰頭土臉，只能望著紅牛鞋底揚起的塵土，在後面苦苦追趕？紅牛是怎麼做到的？

對犄兩隻紅牛，象徵無限能量

若論公司規模、資金、產品研發、產品定位、廣告、國際市調、全球通路等等，紅牛這隻小螞蟻，還不一下子，就被這些世界級飲料廠的任何一家輕輕一捏，就掐死了。然而，即使是所有世界級飲料廠聯合攻擊，紅牛也是一「牛」當關，萬夫莫敵。紅牛不但活得很好，還以火箭升空的速度，極快的在幾年間，就甩開所有的國際級大廠，穩坐機能、有氧等飲料的霸主位置。紅牛賣的是什麼？是賣機能、有氧飲料這麼簡單嗎？

七〇年代的泰國，長途車司機、夜班工人、泰拳選手等等，都喝一種叫 Krating Daeng 的牛磺酸飲料來提神，效果就像是台灣人咬的檳榔，美國人嚼的菸葉，韓國人補的人蔘，中國的吊點滴瓶等，都是提神補元氣的東西，可是為什麼紅牛，會賣到打敗所有國際飲料的巨人，成為提神飲料的霸王呢？

這要歸功於任職寶鹼（P&G）公司的奧地利人迪特瑞・馬契斯（Dietrich Mateschitz），一位具有非凡眼光、能預見未來的經理人。他第一次喝到泰國買的 Krating Daeng 牛磺酸飲料，是在一次飛往泰國的出差旅程。飛行時間超過了二十小時，抵達後又必須馬不停蹄的即刻上工，只能強迫自己拖著極為疲憊不堪的身體，繼續奮進。這時他買了一瓶聽說可以提神的牛磺酸飲料，沒想到這瓶不起眼、默默無名的牛磺酸飲料，讓原本因飛行時差而疲憊不堪的身體，像是被 E.T. 的發光手指頭接觸了似的，瞬間讓時差不見了，疲憊消失了，這是一種多麼神奇的飲料啊！也就是這個體驗極深的經歷，讓他見識到喝飲料可以提神，令人像充電似的恢復精力，而一頭跳進了這個神奇的飲料世界。

泰國的牛磺酸飲料

迪特瑞・馬契斯，迫不及待地找到了 Krating Daeng 公司，告訴他想要將 Krating Daeng 賣到自己的國家奧地利，並且希望能夠在奧地利生產。Krating Daeng 的老闆、泰國籍的許書標（Chaleo Yoovidhya），很快地就同意這個任職於寶鹼公司的奧地利人，除了他的熱情及衝勁，重要的是迪特瑞・馬契斯對歐洲市場的規畫及雄心，及可以將 Krating Daeng，推廣到歐洲甚至是全世界的夢想。也具有宏大眼光的許書標，願意投資五一%股份的支持下，成立了位於奧地利、生產加了碳酸的 Krating Daeng 牛磺酸飲料公司及工廠，並將這個進入到歐洲及國際的牛磺酸飲料改名為紅牛，公司名字就叫做 Red Bull GMBH，並設計以兩隻象徵力量、血脈賁張、互相對犄的紅色牛來做商標。

載著紅牛罐裝飲料的卡丁車

迪特瑞・馬契斯開始銷售紅牛飲料時，也並不是一開始就很順利，只是他一直忘不了這個讓他喝了以後，可以瞬間讓時差不見、疲憊消失的親身體驗。紅牛面對所有的世界級飲料品牌，要怎麼來塑造其特殊飲料的靈魂？迪特瑞・馬契斯沒有充裕的資金，無法採用龐大資金強勢催眠的廣告宣傳模式，因為沒有知名度，因此也無法用傳統強勢商品飲料的推廣方式銷售。推廣紅牛飲料，必須創新方式，迪特瑞·馬契斯，深入探索紅牛的「核心價值」，並以「消費者」的立場來定位：消費者為什麼要喝紅牛，而不喝國際品牌的飲料呢？迪特瑞·馬契斯要將他的親身體驗也讓消費者親自體驗、親身感受。

於是他開始用載著紅牛罐的卡丁車（Karting），到處推銷宣傳，並讓人免費試飲體驗，分享他自己喝到牛磺酸飲料的經驗。並鎖定充滿活力的年輕族群為推廣目標，不但贊助與年輕人有關的活動，更與年輕族群最愛的夜店等合作行銷。很快的，紅牛飲料就擄獲年輕人的市場，不但走出一條獨特個性的市場來，並不斷的在世界級飲料品牌競爭中脫穎而出，攻占年輕人最愛的夜店、派對市場，更以超跑的速度，席捲歐洲及全世界。

迪特瑞·馬契斯策畫能展現紅牛「核心價值」的宣傳方式，從載著紅牛罐的卡丁車、區域性宣傳的模式，轉化到贊助充滿年輕活力的派對、夜店、運動活動，尤其是展現出爆發力、能量充沛、冒險精神、速度激情等的極限運動（Extreme Sports）項目裡。

於是從贊助高空跳傘、高樓跳傘、穿飛行鼠裝飛行、花式滑板、花式單車、滑翔翼、越野摩托車、風箏衝浪等的競速極限運動員，到協辦、主導、主辦各項「極限運動」等運動會、培訓極限運動員等的所有成長過程等等，都凸

贊助各項極限運動的紅牛

顯出紅牛的「核心價值」。

二〇一二年奧地利籍的極限運動家，費利克斯·鮑姆加特納（Felix Baumgartner），搭乘氦氣熱氣球，從美國新墨西哥州的羅斯威爾起飛。氦氣球升空，到達人類以非動力升空破紀錄的三十九公里高平流層（同溫層），從零下五十七度的溫度一躍而下，並也是以破人類紀錄的一三四二·八 km/h 超音速，歷時九分九秒到達地面前。落地前，印著兩隻紅牛對犄圖樣的飲料降落傘張開，守護著費利克斯·鮑姆加特納成功落地的時候，全世界看著即時螢幕報導的觀眾，無不對人類創下這一刻的紀錄所感動，這是紅牛 Red Bull 飲料贊助極限運動員，所共同創造出來的紀錄、感動、喜悅，也是創造紅牛靈魂的迪特瑞·馬契斯，秉持著喝牛磺酸飲料最原始感動、最忠實的親身經驗，成就出紅牛 Reb Bull 飲料獨有的、任何國際品牌都無法望其向背的宣傳推廣模式，就算在所有國際級飲料廠的聯合夾擊中，也無所畏懼，並創造出極為輝煌的成績。

紅牛賣得是什麼？

紅牛賣的不只是飲料，而是真實體驗、充沛能量、年輕活力、勇於挑戰、狂放不羈、永不放棄……。

張開有著紅牛圖樣的降落傘，守護著費利克斯·鮑姆加特納打破人類紀錄的一刻。

4 星巴克

星巴克（Starbucks），一個在貧民窟出生長大的小孩所創立的咖啡店，又是如何成為全球咖啡飲品的龍頭呢？

星巴克賣的是什麼？賣的是咖啡嗎？賣咖啡的多的是，比星巴克好喝的咖啡也多得是？可是星巴克為何也像麥當勞一樣，成為國際賣咖啡的第一品牌呢？

你看，一個拿著星巴克咖啡杯的路上行人，是不是很時尚，如同走在時代尖端的時髦城市人。你一看就知道她拿的是星巴克而不是派大星（Patrick Star）咖啡，你若不知道她拿的是星巴克咖啡，你一定不是「城市人」。

老闆在沉悶的會議裡，請同事去買星巴克的咖啡，不但讓沉悶的會議頓時有了生機，也讓員工對老闆的印象大大的加分，雖然自己公司就可以煮咖啡，偏要買星巴克，你看星巴克的魅力多大，連去買星巴克咖啡的職員，走路都有風……。

這樣一個全世界超過二萬家店面的咖啡店，是怎麼誕生成為「城市人」的象徵呢？

故事是在一九六〇年代，一個生長在美國紐約布魯克林貧

現代化城市的象徵 星巴克咖啡

民窟、猶太人家庭長大的小孩霍華・蕭茲（Howard Schultz），在他十二歲的時候，從一個賣食品的商店，偷了一罐包裝精緻的高級咖啡的罐裝咖啡，送給打雜受傷失業後整日喝酒麻醉自己的父親，作為聖誕節禮物，期待能獲得時常責罵自己、責罵母親和家裡咖啡的難喝的父親些許讚許，可是父親也只是拿著包裝精美的咖啡罐問說，咖啡哪裡來的？緊張的霍華・蕭茲，說是撿到的，也只換得了父親的摸摸頭。這個謊話在第二天，就被店家到家裡要這罐咖啡錢時被拆穿了，之後霍華・蕭茲更讓父親看不起，也責罵得更深了。

從小就必須打零工幫助家計，霍華・蕭茲，一直夢想能早一點離開這個整日被父親責罵的貧民窟，終於考上大學，又獲得北密西根大學獎學金的支援，離開了這個讓他一直被父親責罵的家，開啟了屬於自己的獨立人生。

早期的星巴克

從小就必須自力更生的霍華・蕭茲，靠著半工半讀及在校的獎學金，完成了他的學業，也順利找到一個從事業務的工作，求學及就業的幾年裡，霍華・蕭茲，只與母親以書信聯繫，卻沒有寫過關於父親的任何訊息。

工作了幾年後，從小培養出節儉習慣的他，終於儲蓄了一些，可以給家裡買禮物的能力，他特別挑了一個來自巴西的黑咖啡豆，是專門給父親的禮物，可是得到的回報，卻是感覺到父親語帶譏諷的表示，「離家奮鬥了這麼久，也只能買得起咖啡豆送給父親」，這也讓霍華・蕭茲更激勵自己，一定要出人頭地讓父親看得起。

一九八二年，他接到母親通知，說父親重病，希望能看到他。霍華・蕭茲卻因為工作繁忙，無法及時返家去看父親。一周後，當他返回老家紐約布魯克林，父親已經過世了。就在整理父親遺物的時候，發現自己十二歲時，偷來送給父親的咖啡罐，已經斑駁的罐身上，有父親寫的「一九六五年聖誕節」，才驚覺父親是多麼珍惜這個禮物啊！打開罐子，裡面還有一封父親寫給自己的信：「親愛的兒子，我是一個失敗的父親，無法給你們好的生活環境，也無法供你上大學，就如同你說的，我就是個粗人，但是，我也有夢想，我最大的願望就是擁有一家咖啡屋，親手為你們研磨、沖泡一杯濃香的咖啡，可是這個願望無法實現了，我只希望你能擁有這樣的幸福……」。

霍華・蕭茲帶著滿腹的思念，及父親的心願，看到一個位於西雅圖的咖啡店要出讓的小廣告。這家咖啡店是由英語老師、歷史老師及作家，三名知識分子合夥，以小說白鯨記裡，愛喝咖啡的大副 Starbucks 命名，賣咖啡豆及相關器材。就這樣，在霍華・蕭茲的接手經營下，誕生了全世界咖啡龍頭「星巴克」。

星巴克氛圍

霍華・蕭茲，首先規畫要賣的咖啡，不是當時一般美國家庭煮來當作飲料喝的淡咖啡，而是讓每一個咖啡豆都要完全散發出原本的咖啡豆香，讓品嘗的顧客每一口咖啡，都會嘗到不同咖啡豆所散發出原本的咖啡豆香的咖啡，就像是把喝咖啡當成享受的義大利式的咖啡，因此他在原有賣咖啡豆的基礎上，從原產地就嚴選了來自全世界各地不同風味的咖啡豆，更嚴格要求絕不可以添加人工、化學等香料來調製咖啡，並嚴拒會影響咖啡原味、香氣的任何味道和食品，包含員工所擦的香水，也在管制範圍之中。

要賣這樣的咖啡，消費層、消費價格等的訂定上，就非常的重要，太貴了，消費不起，便宜了，又無法顧及品質。自小就為每天生活而打拼的霍華・蕭茲，當然知道能喝一杯「好咖啡」，「對自己的意義」，「對自己的價值」、「對自己的肯定」具有多麼重要的意義，霍華・蕭茲將星巴克賣的咖啡，定義為多數人消費得起的「奢侈品」。

既然是「奢侈品」就一定不是一般咖啡，要有「尊貴感」，咖啡及喝的人都要被尊重，要被羨慕，一定要讓星巴克是高檔次、上流人才喝得到，大多數人又消費得起的咖啡。

基於這樣的定位，員工要在客人再度消費的時候，能立即稱呼客人的名字或姓氏，讓消費的客人有被重視的感受。喝咖啡的

適合任何族群的星巴克

環境就更要講究，進來的客人隨時享受到輕鬆的爵士樂、懷舊又能放鬆的流行樂、美國鄉村樂、演奏曲等等，讓背負著工作壓力、生活壓力、情感壓力等種種不同壓力的人，都可以在放鬆的音樂下，獲得紓解，甚至喚起某些消失的感動、舊日情懷等。

以消費者的角度來規畫，星巴克無論是裝潢、設備、沙發、桌椅、擺設、動線、光線、溫度、空氣品質等等，都讓消費者宛如在自己家客廳般的輕鬆，有舒適的坐躺沙發、適當的談話座椅等等，更創造了一種「可正式洽商」，又「可悠閒休假」的空間，更在享受咖啡的同時，也在享受著「環境的氛圍」，享受著「休假的放鬆」、也享受著「同樣來此放鬆的人群」，尤其是在忙碌的城市裡，星巴克讓緊張、疲憊的靈魂獲得了休養生息、補充了能量，所有的不悅也在被尊重的服務裡，再次換好心情。

霍華・蕭茲賦予了咖啡、咖啡店無與倫比的「核心價值」，這個以消費者立場所創造的「核心價值」，席捲全世界。

星巴克賣的是什麼，除了與麥當勞一樣，賣全球一致的服務和消費氛圍、用餐環境、一種可以傳承的記憶之外，星巴克還賣了時髦、品味及城市人的生活方式、對自我的肯定、以及一種優越感……

愉悅工作的星巴克員工

5 迪士尼 Disney

有一家公司若是倒閉了，全世界會有很多人哭，而且不分男、女、老、幼還是鰥、寡、孤、獨、紅、黃、黑、白，只要是活著的都哭，這家公司就是「迪士尼」公司。

「迪士尼」怎麼做到的？它賣的是什麼？影片嗎？那為什麼發明影片膠片的柯達破產結束了，沒有人會哭泣，而迪士尼破產倒閉，就會有人哭呢？還是有很多人哭的喔！

二次世界大戰，電影產業極為蕭條，貸款給迪士尼的銀行聯貸團開會討論，要不要繼續支持及貸款給迪士尼，當時的迪士尼已經獲得幾座「奧斯卡」金像獎的殊榮，參與開會的銀行代表，多數決定中止貸款，這個決定，將導致迪士尼公司結束營業，消失在地球上。這時銀行團的主席問代表們，有沒有看過迪士尼的卡通影片？在座的都說沒有，於是主席說：我們先去看看迪士尼的卡通影片再做決定吧！

於是大夥來到電影院，當時播放的正片都是美軍在海外的戰爭實錄，可是在播放正片前，會先播放迪士尼的卡通片。一開始播放卡通片時，電影院就不斷傳來爆炸似的歡笑聲，笑聲一直延續到卡通片結束，接著播放正片「美軍在海外的戰爭實錄」，電影院的氛圍立即陷入愁雲慘霧中……。

回到會議室的銀行團代表，再一次的表決，是否要繼續支持並貸款給迪士尼公司，結果是全部無異議通過繼續支持，因為迪士尼生產的不是影片，不是卡通，迪士尼生產的是「歡笑、歡樂」，是當時因二次大戰而讓美國陷入戰爭氛圍的美國人歡樂來源，而「歡樂、歡笑」，也正是人活著最重要的生存動力。

華德．迪士尼（Walt Disney），出生在美國芝加哥農場的西班牙後裔家庭，後來因父親病倒，哥哥又離家，被迫離開了農場，搬到了肯薩斯城（Kansas City），這樣的童年，深植了他帶給了全世界歡笑的元素。

華德．迪士尼在農場的童年，因為年紀小，不必像哥哥一樣的務農，而整日與妹妹在二百公頃的農場上，與飼養的狗、牛、雞、鴨、豬、兔等玩在一起，更有不養自來的鼠、蛇、蟻、蚊、蠅等反派，而滋養了他對動物生性、習慣等等的細膩觀察，尤其是聰明還會撒嬌、轉圈、像人類般有脾氣的小豬，更是他創造動畫三隻小豬的原型。華德．迪士尼的繪畫天賦，很小就被母親發現，並買了畫冊讓他臨摹，開啟了他學習繪畫的天地。因為父親生病，被迫賣了農場，也離開與妹妹及小動物們玩樂的環境，他立即躍進了一個與農場完全不同的城市裡，雖然每天穿梭在大街小巷，做報童送報紙補貼家用，卻開心的像是在城市裡冒險的小勇士，補充了他觀察人、觀察人間世界的養分。

令人懷念的華德．迪士尼先生

在與妹妹一同上初級小學的日子裡，他很快的就在學校展現了畫圖的天賦及源源不斷的畫圖題材，一位名叫舍伍德（Sherwood）的醫生，就花錢買了他當時的圖畫，還特別請他繪製自己的馬羅伯特（Robert）。

少年、青少年時期就必須半工半讀的他，送報紙、賣零食、沿街叫賣，甚至在寒暑假到火車上當小販，也讓華德．迪士尼在學校的學習成績很差，只有畫圖的本事，這個本事讓他在中學的校刊裡負責漫畫。

也因為有畫圖的才能，才讓華德．迪士尼可以換到三餐，不順利的打工經驗，讓他了解到畫圖也是生意，就這樣與朋友合夥開了公司，可是沒多久，公司就倒閉了。這個慘痛經歷，卻讓他接觸到各種與圖像相關的領域，尤其是加入了肯薩斯城廣告公司，學到攝製電影、動畫的基本技巧，並負責為當地的電影院製作動畫廣告，也開啟了華德．迪士尼帶給全世界歡樂的卡通世界。

永遠要有「赤子之心」，是華德．迪士尼一生奉守的圭臬，因此他對於所有遇到的挫折，都當成是上帝給予的考驗。雖然會有抱怨，可是更多的卻是感恩，尤其

永保赤子之心的華德．迪士尼先生 獲得奧斯卡金像獎

是在自己辛苦創業時期，帶著團隊打造了一系列取名「奧斯華」（Oswald thr Lucky Rabbit）兔子的動畫影片，造成轟動後與環球影業續約時，才發現由環球影業所發行的「奧斯華 Oswald」兔子動畫影片的版權，不是自己的，而被環球影業買通了並肩作戰多年的主要動畫師及合作朋友，變成環球影業所有。不但版權沒有了，甚至整個動畫團隊也被掠奪走了，華德．迪士尼當然是痛苦萬分，尤其是還被多年的朋友、夥伴背叛，可是他並沒有選擇報復、提告等法律對抗手段，只是默默地離開了這個痛苦、傷心的加州，搭上了返回肯薩斯城家的火車。在火車上，他又看到了童年時的小夥伴，這個在火車上唯一陪伴自己的小夥伴「老鼠」為基礎，創造了全世界最多人的偶像「米奇老鼠（Mickey Mouse）」。

歷經人性背叛的華德．迪士尼，初期在叔叔的車庫裡創作米奇老鼠，也不順利，一直到第三部米奇老鼠的動畫片「汽船威力號（Steamboat Willie）」，一九二八年十一月八日，在紐約殖民戲院（Colony Theater）的首映，造成了空前轟動，這一天，也就訂為米奇老鼠的生

汽船威力號海報（右）宣傳迪士尼樂園的海報（左）

日。「汽船威力號」，是全世界第一部有聲動畫片，米奇老鼠成功打開了人們可以享受華德．迪士尼所創造卡通世界的大門。

繼米奇老鼠主演的八分鐘動畫片「汽船威力號」成功之後，又陸續推出了全世界第一部彩色卡通一九三二年的「花與樹（Flowers and Trees）」、一九三三年的「三隻小豬（Three little Pigs）」、一九三四年的「唐老鴨（Donald）」、一九三五年的彩色米奇老鼠、一九三七年全世界第一部的卡通長片「白雪公主（Snow White and the Seven Dwarfs）」，一九四〇年的「木偶奇遇記（Pinocchio）」，一九四一年受美國政府所託製作的「小飛象（Dumbo）」，及二次世界大戰美國參戰、大部分片場也被政府徵用的狀況下，推出了「小鹿斑比（Bambi）」等，並協助美國在二次世界大戰的宣傳片，一直到大戰結束一九五〇年才又推出「仙履奇緣（Cinderella）」，及而後的「小飛俠彼得潘（Peter Pan）」、「小姐與流氓（Lady and Tramp）」、「睡美人（Sleeping Beauty）」、「森林王子（The Jungle Book）」、「101忠狗（One Hundred and One Dalmatians）」等。

一九五五年，華德．迪士尼終於完成自

迪士尼樂園

己要創造一個帶給人們歡樂的「迪士尼樂園（Disneyland Park）的夢想，這個夢想」，落成在美國加州。全世界人們可以和這些卡通人物米奇老鼠、三隻小豬、唐老鴨、白雪公主、小飛象、小飛俠彼得潘等等，一起在迪士尼 卡通世界裡返回到最純真的歡樂時光，每一個來到「迪士尼樂園」的大人、小孩、男生、女生，都只有「歡笑、歡樂」，歡樂的來，歡樂的玩，歡樂的離開後，還將這裡的歡樂分享給周遭的所有人，我們在享受華德·迪士尼給我們「歡笑、歡樂」的世界同時，也要向這個以一生一世，自始自終以「歡笑、歡樂」為「核心價值，貢獻給人類的偉人華德·迪士尼致敬，感謝他帶我們來到這個「歡樂的世界」。

迪士尼公司倒閉，會有很多人哭吧！是很多人喔……因為迪士尼生產的不是影片，不是卡通影片，它生產的是「歡笑、歡樂」、是世界上所有人歡樂的來源，是人活著最重要的生存動力。

迪士尼樂園裡的白雪公主

6 美國人發明的棒球

一九八五年，電影「回到未來（Back to the Future）」上映後，許多出現在電影中的道具都陸續實現了，例如平板電腦（Tablet Computer）、（視訊通話 Video Calls）、穿戴裝置（Wearable Technology）、懸浮滑板（Hoverboard）、體感遊戲（Hands-free Gaming）、自動綁鞋帶球鞋（Self-tying Shoes）、無人飛行器（Drones）、生物辨識技術（Biometric Identification）等等，不得不佩服編劇的預測功力，或者編劇本來就是從二〇一五年回到一九八五年的穿越人。

有一個預測是出現在一九九〇年放映的「回到未來2（Back to the Future 2）」的預測，預測二十五年後的二〇一五年，「芝加哥小熊隊（Chicago Cubs）」會獲得世界冠軍，電影在一九九〇年就預測，已經八十二年沒有得到過世界冠軍的「芝加哥小熊隊」，會在二〇一五年得到世界冠軍。而在這二十五年當中，「芝加哥小熊隊」還真的不負眾望，獲得參與國家聯盟冠軍賽的資格，卻沒有獲得國家聯盟冠軍，二〇一五年十一月，已經拿到晉級國家聯盟冠軍賽的門票，全世界都在等待「芝加哥小熊隊」實現的預測，拿下二〇一五年世界冠軍。

何以只是電影的一個預測，在美國會造成如此大的影響呢？這要從「美國職業棒球大聯盟（Major League Baseball）」說起。「美國職業棒球大聯盟」是由美國兩個棒球聯盟「美國聯盟（American League）」及「國家聯盟（National League）」所組成的。美國的棒球運動，緣起於英國的「板球（Cricket）」運動，一八三九年後由美國人改變玩法規則，創造了新的運動「美式棒球（Basebal）」，這個需要集合眾人才能玩的「棒球」，凝聚起了當地人的聯繫、交流、感情等，於是就開始繁衍深根到每個鄉、鎮、市了。

「美式棒球」，這個經歷了美國南北戰爭、西部大拓荒、經濟大恐慌的運動，如何會滲入到美國人的血液裡，成為代表美國國球的運動？何以會成為美國人的驕傲與生命呢？

我們從成立於一八七六年的「國家聯盟」，及一九〇一年的「美國聯盟」球隊裡，就可以看出端倪。「國家聯盟」有「波士頓食豆人隊（Boston Beaneaters）」、「亞特蘭大勇士隊（Atlanta Braves）的前身布魯克林超霸隊（Brooklyn Superbas）」、「芝加哥孤兒隊（Chicago Orphans）」、「辛辛那提紅人隊（Cincinnati Reds）」、「紐約巨人隊（New York Giants）」、「費城費城人隊（Philadelphia Phillies）」、「匹茲堡海盜隊（Pittsburgh Pirates）」、「聖路易紅雀隊（Saint Louis Cardinals）」，「美國聯盟」有「巴爾的摩金鶯隊（Baltimore Orioles，就是紐約洋基隊New York Yankees的前身）」、「克里夫蘭印地安人隊（Cleveland Indians）」、「底特律老虎隊（Detroit Tiger）」、「密爾瓦基釀酒人隊（Milwaukee Brewers）」、「華盛頓參議員隊（Washington Senators，明尼蘇達雙城隊 Minnesota Twins 的前身）」、「波士頓朝聖隊 Boston Somersets, 就是

美國職業棒球隊的隊徽

後來的紅襪隊 Boston Red Sox）」、「芝加哥白襪隊（Chicago White Stockings）」，「費城運動家隊（Philadelphia Athletics，就是後來搬到奧克蘭的奧克蘭運動家隊 Oakland Athletics）」等，就可以看出美國的「棒球」是以各個不同城市為基地的球隊，每支球隊，都是以所在城市的名字，做為隊名的開頭。

美國的棒球隊，從十多歲小朋友組成少年棒球開始，就是以社區組成的球隊為主，小朋友在放學、放假的空檔，聚集到社區的棒球場練球，所有的比賽也是以社區對社區所進行的，而且不會以類似軍事訓練的嚴厲磨練來提升小球員的技術、默契等，反而以類似參加夏令營的團隊運動，讓小孩在愉悅中訓練，在訓練中歡笑，在歡笑中學習失敗及成功，這也是從生活中來培養、教育小孩子自由、平等的價值，尤其是學習合作、獨立等的能力。

所以美國棒球從小開始，以所在的社區、城市為基地的背景，所有的比賽都有著極為強烈的社區、城市對抗色彩，從不斷的競相對抗比賽中，與當地社區、城市的居民合而為一，球隊贏球的歡樂，就是社區、城市居民的歡樂，球隊輸球的悲傷，就是社區、城市居民的悲傷，就算是科技進步到網路電

美國小孩打棒球

視、物聯網等的網際網路時代，社區、城市的居民依然與球隊聯繫著如臍帶般純真的血脈感情，就是這樣的「核心價值」，美國的棒球成為美國人的國球，是美國人展現在全世界的驕傲，是世代傳承給每一個美國小孩的生活及夢想，所有的快樂與憂傷、失敗與成功，都與棒球深深聯繫，美國的棒球是美國人生活的靈魂。

美國棒球運動一開始，就奠定社區、城市比賽的「對抗模式」，球隊所在城市的居民正是注入到球隊源源不斷的母奶，以這樣的「核心價值」建立起來的「商業模式」，已經不是以經營一個以營利為主的球隊了。

球隊裡表現非凡的球員，不但是城市居民的偶像，更是在關鍵比賽時，被寄予厚望的靈魂人物。表現差時，觀眾不約而同的發出哀嘆聲，表現好時，立刻以熱情來回報表現，尤其是贏得世界大賽冠軍時，整個城市頓時陷入瘋狂慶祝的氛圍中，返回的冠軍球隊、球員，更會以英雄般勝利者的姿態，接受分列在道路兩旁的城市居民，給予的致敬與感謝。這一刻不僅僅是球隊的勝利、榮耀，而是整個城市的勝利與榮耀。

獲得美國棒球世界冠軍及回到所在城市的遊行

這樣與城市居民生活融入在一起的「商業模式」，不只有在美國比賽時才會顯現出來的，甚至是漂洋、外銷到了其他國家，也大都是以這樣的模式，結合當地企業後繼續發展。只是結合公司、企業、團體的球隊，就沒有如同與城市血脈相連的球隊，有著與城市居民的深植感情了。球隊在更換合作、贊助的企業時，球迷也就只是小小的嘆口氣，引動不起整個城市居民的不捨。這感情就只會出現在國與國的比賽對抗時，才會看到全民的激情、全城的激情、全國的激情。

奠基在「美國職業棒球大聯盟」與當地居民，「血脈相連」的「商業模式」，能夠不只屹立百年，除了是因為與當地居民的「血脈相連」，更安排讓當地居民的偶像，永立於世。

「美國職業棒球大聯盟」不但將有貢獻和創紀錄的球隊、球員、教練、球團等，安置進入永遠被世人紀念的「名人堂」裡，各個球隊、球團所發行的球團卡、球員卡、紀念品、球衣、球棒、球鞋、球帽、簽名球、合照等等，都會成為傳家、傳世的「寶貝」，有的「寶貝」還是價值百

美國棒球名人堂裡的紀念品

萬美金的「珍藏品」，珍貴的不只是球員的表現，而是球團、球員等與城市的居民共同譜下的歷史、榮耀、感情等。

在分享「美國職業棒球大聯盟」的「商業模式」魅力時，有一支特別的球隊，就是「紐約洋基隊（New York Yankees）」，它是誕生於一九〇一年「巴爾的摩金鶯隊（Baltimore Orioles）」後改名遷到紐約像天神似的、橫掃「美國職業棒球大聯盟」，不但拿到四十次的美國聯盟冠軍，包辦了美國三分之一世界大賽冠軍的賽事，並獲得二十七次的世界大賽冠軍，隊中的名將輩出出，「貝比魯斯（Babe Ruth）」、「盧・賈里格（Lou Gehrig）」、「喬・狄馬喬（Joseph Paul Dimaggio）」、「米奇・曼托（Mickey Mantle）」等等，目前就已經有三十八位球員入了「名人堂」，是球員入選進入「名人堂」最多的球隊，也是所有守備位置都入選進入「名人堂」的唯一球隊。

這樣名利雙收的「紐約洋基隊」，讓其他球隊，無不恨得牙癢癢，每次洋基隊到客場比賽時，客場的城市

價值非凡的美國棒球球員卡

居民再忙，也要到球場幫自己城市的球隊加油，而造成只要是與洋基隊的比賽，票房就會滿座，而與其他球隊的比賽，票房就差些的情況，也反照出美國人扳倒「強者」的直率個性。「芝加哥小熊隊」雖然沒有拿到世界大賽的冠軍，無法兌現「回到未來」的預言，卻展現了另一項美國人特質，那就是「對勇往直前、永不放棄者的重視與尊敬」。

7 刮鬍子成了魔術師

要怎麼想像這個自有人類以來就存在的麻煩工作啊！男人的鬍子比頭髮還難整理，老祖宗們對付越來越長的頭髮，自有方法，或在頭上盤起來，或結成辮子，或往帽子裡一塞，在還沒有剪斷髮絲的工具時，對付頭髮還算好的，可是鬍子呢？這個小惡魔在每次用嘴時，都會造成阻礙。與食物一起進嘴裡時，還要將其抿出，吐口水時，還要用手將鬍鬚撥分兩邊。鬍鬚的清潔幾乎無法講究，殘留食物及打結稀鬆平常，自然別去想那些藏在裡面的小生物或是味道了。

東、西方對付鬍子的辦法是一樣的，從早期就有石器磨造出來的石刀，到用鐵器做的刮鬍刀具，一直到了一九〇〇年初，這個沿用了幾千年的方式，才有了改變，這個改變，就是人類，第一把可以由自己自行刮鬍子的刀開始。這把刀是金．吉利（King C. Gillette）先生發明的，他本是一個瓶蓋公司的業務員，發想出一種可以替換刀片的刮鬍刀具。當時絕大部分

了不起的理髮廳廣告招牌 全世界都一樣

人的鬍子都是由理髮師全權處理。全世界的理髮廳招牌都是黑、白、紅旋轉圖樣的筒形招牌，不但是在工業化起步的西方，東方的剃頭師也是在剃頭、刮鬍子前，拿著剃頭刀，反覆在皮帶條上來回磨刷鋒利後，再幫客人剃頭刮鬍子。而這個金·吉先生的發明，卻改變了男人刮鬍的習慣。

然而金·吉利先生並沒有因為發明了可換新刀片的刮鬍刀，就立刻成功發達了，反而因為他的發明，讓他陷入了人生的惡夢。好好的瓶蓋業務員生活不過，卻往欠債連連的負債路上前進，失敗破產是唯一跟著他的依靠。就在產品推出十年後，一個念頭，讓金·吉利從絕地中翻身，從谷底裡躍起，這個念頭，比他花了幾年所發明的剃鬍刀具還要珍貴，還要有價值，要不是這個念頭，吉利刮鬍刀在一九一二年前，可能就埋在墳墓裡了。

什麼念頭，讓金·吉利從谷底翻身呢？這個念頭就是適合的「商業模式」。

金·吉利的刮鬍刀很貴，一般人寧願選擇上理髮

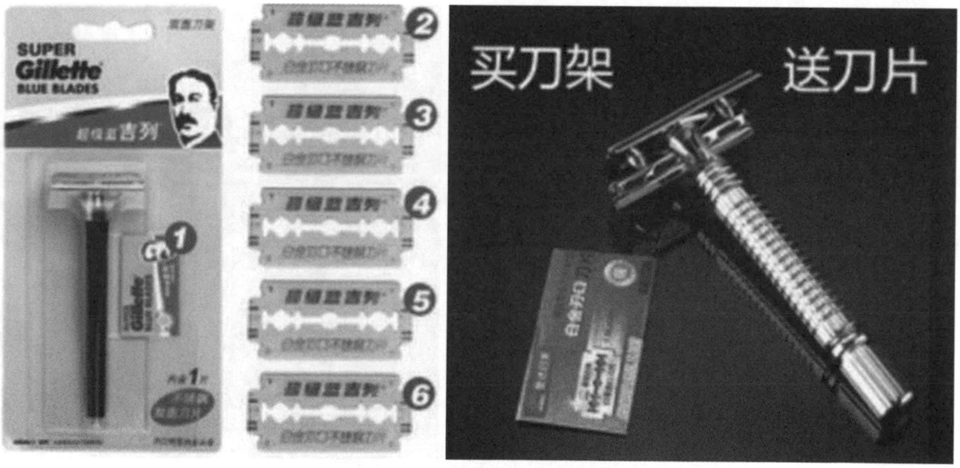

早期賣刮鬍刀的包裝

廳，理頭髮加刮鬍子，金．吉利仔細的經由市場的反應及自我反省後，做出了當時被當成「傻蛋」才會想出來的「商業模式」，來推廣銷售，就是將刮鬍刀以低於成本的五分之一價格賣出，這招也確實挽救了銷售上的劣勢，可是會不會賺錢呢？他將刮鬍刀的刀片價格，調到成本的五倍，讓這個用幾次就不鋒利而必須丟棄的消耗品獲利，達到了五倍之多，而賺大錢，還因為每次刮鬍子的花費，只有去理髮廳刮鬍子的五分之一，讓公司屹立百年雄踞到現在，始終居於霸主的位置，而不斷的創新，及經由市場的反應及自我反省，一直是這家公司堅守不移並奉為圭臬的「核心價值」之一。

秉持著這個信念，在第一次世界大戰的時候，金．吉利又讓大家跌破眼鏡，再一次做了「傻蛋」才會做的決定，就是以成本價又包送貨的方式，將吉利（Gillette）刮鬍刀當成軍需品，援助給國家，這不但是個虧本生意，還要包送貨，讓原本很小的送貨範圍，只為了補給軍需品，而無端的擴大了好幾倍，也沒生意做，真是虧了夫人又折兵，唯一可以安慰的是，吉利公司獲得了國家的讚許表

美國軍人在戰地刮鬍子

揚，也讓國家安排給軍人理頭髮刮鬍子師傅的徵召數量，規模小了些，可是這是生意不是救濟啊！股東們真是焦急了。

就在一次世界大戰結束以後，吉利牌刮鬍刀隨著返家軍人們的愛用及宣傳，不費吹灰之力的擴展到了全美國，更讓其他國家的盟友們羨慕渴望的要求從美國郵寄過來，因而奠定了銷售全美國及外銷全世界的基石。

這兩個「商業模式」的出現，以現在來看，也算是很了不起的，這在當時，可是要有相當的勇氣及擔當，尤其是以軍需品援助給國家的決策，不但沒有以公司、個人的私利為優先，願為國家拋私利的無怨付出，更可以彰顯出金・吉利先生的人格特質，而後，也許是因為在這個特質及精神之下，另一位刮鬍刀巨擘，賈可伯（Jacob Schick）於一九二一年發明了安全換刀片的舒適牌（Schick）刮鬍刀興起後，展開了極為精彩又彼此學習、創造、精益求精的近百年競爭。

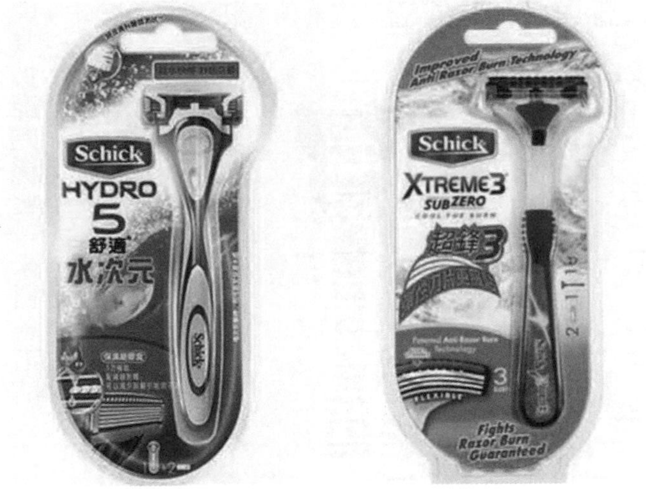

新式的刮鬍刀包裝

賈可伯先生，在軍隊服役時，有感於更換吉利牌刮鬍刀刀片的時候，手指很容易讓刀片劃傷，於是就仿效當時打仗用的「往復式來福槍」結構，利用拉上彈柄就自動退彈、裝彈的原理，設計出可手按式自動裝填刀片的刮鬍刀，無須接觸到刀片，就可以將舊刀片退出，自動裝填上新刀片。這個發明當然影響到了吉利牌刮鬍刀的市場，可是旋繼而來的美國大蕭條，卻讓這個影響毫無作用，接踵而來的第二次世界大戰，更讓之前的愛國吉利牌刮鬍刀再次被美軍帶上了戰場作戰，吉利牌刮鬍刀不但因此更站穩刮鬍刀龍頭的寶座，是默默無名的自動退刀式安全刮鬍刀無法威脅的，這情況一直到的一九四六年，賈可伯的舒適牌刮鬍刀成立公司後才改觀。

標榜安全的舒適牌刮鬍刀成立公司後，美國經濟復甦，資本家又看到吉利牌刮鬍刀，從幾乎破產到到富可敵國的大發利市，自然不會放棄這個與其披靡的機會。來自各方的大力挹注，舒適牌安全刮鬍刀很快的就占有一定的市場，也展開了極為精彩的、全方位式的競爭對抗，恨不得將對手驅離市場而各領風騷的手段，寫下了以技術、創新、包裝、廣告、科技化、數據化、人性化思考等等，超過半世紀的巔峰對決歷史。

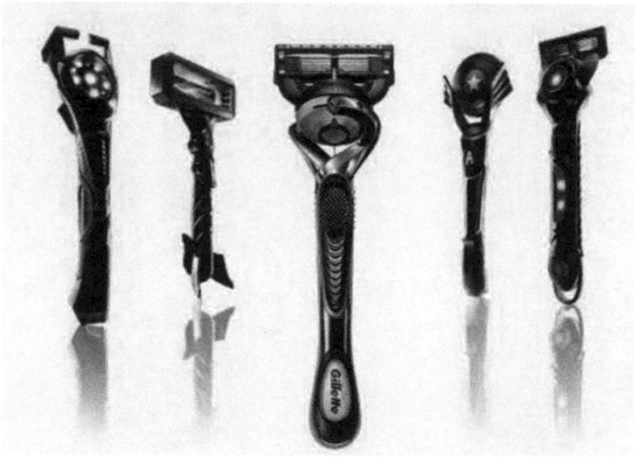

新式刮鬍刀

僅僅是刮鬍刀這樣的小東西，就在這雙雄對決中充分發揮了可敬可貴的傳世精神，不但嶄露了對對手產品的尊重，更極為專注在自我產品的研發、創新，好像沒有對手的創新產品，就會讓自己裹足不前，鬆懈倦怠似的。一九六〇年起，幾乎每年都可以看到雙方所推出的創新產品，只要對手出新商品，即刻就會以更創新產品對抗，尤其是經由大量廣告的傳播，讓全世界對這兩家公司的毅力、專注、創新、不屈不撓的表現，盡收眼底。

你有滾刀頭，可以隨著男人臉部弧度刮鬍子，讓刮鬍子更舒適，我有雙刀頭，一刀去鬍鬚，二刀去鬍根，二刀頭沒什麼，旋風三刀頭，一去鬍鬚、二拉鬍根、三刮更深的鬍根，這個更厲害吧！

還不只這些，接著又出了四刀頭、五刀頭的刮鬍刀，還有為握柄、手握感覺、握柄材料、刀頭材料、刀頭弧度、去鬍渣技術、流線型、人體工學、材料質感等等的創新，而刀片材質的研發，例如減少刮傷的各種金屬刀材、電鍍材料、鈦金屬、碳薄膜、各種塗層等等，不但已經成熟，而且是不輸給晶圓製作、航太科技等的最新技術。

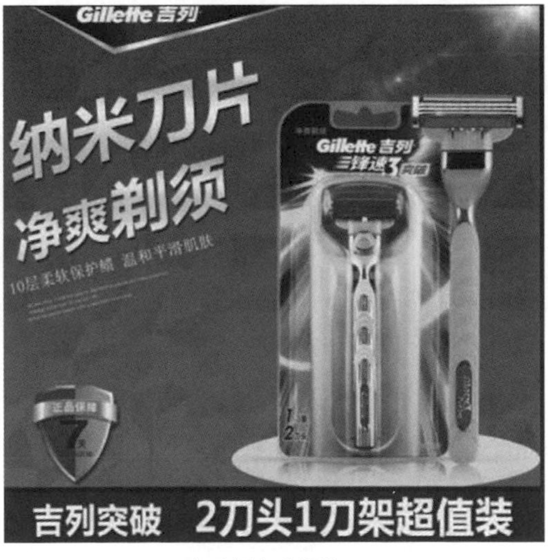

高科技刮鬍刀

這幾十年來，我們看到這兩家公司賣的不只是刮鬍刀這個小東西，而是因對手的可敬與強大，而以正面的態度來迎接，並對自己產品的更加專注、尊重與創新。當然也還有類似這樣的公司，像是製作牙刷的寶鹼（P&G）、歐樂（Oral-B），國際運動用品品牌的耐吉（NIKE）、愛迪達（Adidas）等，也是很精彩的，我們一樣予以最高敬意與祝福，期待更多的產品可以如吉利牌、舒適牌刮鬍刀一樣，對產品及消費的我們更加的專注與尊重。

8 墨西哥上帝

有一種啤酒，讓全世界的啤酒都傻眼了，不但賣得貴些，還一定要幫客人先開好瓶蓋，再插入用手工切的檸檬角，沒加這個味，客人就不要喝了，這就是誕生在墨西哥，全世界獨一無二的科羅娜（Corona）啤酒，奇怪了，為什麼喝科羅娜啤酒就一定要加檸檬角呢？真的好喝些嗎？為何其他啤酒加了就感覺怪怪的呢？

所有國際品牌的啤酒公司，都在想辦法要取代科羅娜啤酒在酒吧、夜店獨一無二的位置，米樂（Miller）、海尼根（Heineken）、百威（Budweiwer）、貝克（Beck's）、嘉仕伯（Carlsberg）、生力（San Miguel）、朝日（Asahi）等等，都花了極為用心又精心的巨量廣告，可是有動搖到科羅娜啤酒必須由酒保插入檸檬角才能給客人飲用獨一無二的位置嗎？答案是——沒有。

為什麼只有科羅娜啤酒會讓酒保如此對待，答案當然是全球消費者飲用科羅娜啤酒的習慣，酒保不插入檸檬角，消費者就離開了，這家酒吧也會被淘汰，乖乖！一個科羅娜啤酒加檸檬角這麼厲害！還會讓酒吧倒閉！加檸檬角不但不是酒吧給的福利，還是得由經營酒吧的老闆自己

科羅娜 Corona 加檸檬的宣傳海報

掏本錢買檸檬，再加工切成角片給消費者的必須規格，這個墨西哥的科羅娜啤酒，也太牛了吧！它是怎麼做到的呢？

這一切都是龍舌蘭酒（Tequila）引起的，還是墨西哥原產的龍舌蘭酒所引起。所有酒吧都知道，喝墨西哥龍舌蘭酒一定要配鹽巴和檸檬角，而放鹽巴的位置，早就被有創意的酒客從手背的虎口位置，換到了美女的粉頸上，無論怎麼換位置，舔完鹽巴後，都要用力的舉杯乾光整杯龍舌蘭酒，然後豪邁的將檸檬角送到牙齒裡嚼咬，再用力的甩甩頭，表示這個龍舌蘭酒夠嗆烈，自己也夠厲害，這時剛剛放置檸檬角的科羅娜啤酒，也會被拿起整瓶對嘴喝。

滿口還留著檸檬香的味蕾，碰到整瓶對嘴的科羅娜，竟然對味極了，就這樣從美墨的邊界蔓延到美國，原本是喝龍舌蘭酒而放置在科羅娜啤酒瓶口的檸檬角，竟然成就了舉世無雙的喝科羅娜啤酒的絕配靈魂。

墨西哥龍舌蘭酒 Tequila 加檸檬

而喝墨西哥龍舌蘭酒，一定要配鹽巴加檸檬角，是源自於墨西哥人原本就喜歡在食物裡添加檸檬以增加食物的特有風味，不但充滿了拉美風情的獨有文化，更將拉丁民族天然的熱情、浪漫、豪爽等特性展露無遺，尤其更獨特的在啤酒裡添加檸檬、辣椒水、番茄醬等多樣醬料的米切拉達（Michelada）啤酒雞尾酒，更是展現出多元融合的拉美風情於一體，濃烈酸辣的口感，讓第一次嘗到的人永遠也無法忘懷這個滋味，就如同浸淫在熱情洋溢的拉丁舞中的淋漓暢快。

打造科羅娜啤酒的莫德羅（MODELO）集團，也不可能忽視這個蘊含著墨西哥式濃情，特別設計以透明玻璃的苗條瓶身，將如陽光般的金黃色酒液原色呈現，加上「檸檬角加科羅娜」，檸檬角插在金黃色酒瓶瓶口的姿態，檸檬角浸淫在金黃色酒液裡冒出的氣泡，不但有著「傲視群酒」的氣質，更散發在海灘度假的氛圍。

莫德羅集團精確掌握這個來自墨西哥上帝之手所展現神蹟的「核心價值」，極致展現出熱情洋溢的拉美風情，又以極為對味的科羅娜啤酒加檸檬角「橫空出世」的絕妙飲用法，來打造「商業模式」。先以經銷商訂購科羅娜啤酒就配送冰塊的策略，讓每一個喝科羅娜啤酒的消費者，都享受到科羅娜 啤酒加檸檬角的冰鎮滋味，沒多久「科羅娜 Corona 啤酒」就橫掃乾燥又缺少冰塊的墨西哥，之後更

洋溢的拉美風情的拉丁舞（採用自中舞網）

洞悉來墨西哥度假完的美國旅客，都會帶些科羅娜啤酒回國讓朋友分享海灘度假的風情，終於一掃前幾次在美國的推廣失敗，很快的，美國酒吧、夜店再次重溫「科羅娜加檸檬角」這個海灘度假的滋味，更強化以海灘度假滋味為主題，配合全世界巨量廣告的宣傳，果然所向披靡的攻占全世界酒吧、夜店，只要點科羅娜啤酒，酒保就自動插入檸檬角，這可是全世界酒吧、夜店必須遵循的法則，厲害不！

科羅娜的海島風情海報

9 經濟學家的諾貝爾和平獎

二〇〇六年的諾貝爾獎競爭非常激烈，被推薦角逐的有促成印尼亞齊地區停火的芬蘭前總統馬爾地・阿赫的塞里、印尼總統蘇西格班邦，以及澳大利亞和平運動領導人艾文思等一九一人，個個都是為解決種族間的紛爭、化解群族的戰爭或對區域和平有重大貢獻的狠角色，可是這一年的諾貝爾和平獎，卻頒發給一個完全沒從事與和平有關工作的經濟學家。他未曾簽署任何與和平有關的協議，也未推動任何免於戰火威脅的行動，或是為種族間的紛爭貢獻過絲毫時間，不曾為避免戰爭投入心力。怎麼會這樣？頒發諾貝爾和平獎的諾貝爾委員會瘋了嗎？

出身於原本是東巴基斯坦後成為孟加拉的穆罕默德・尤努斯（Muhammad Yunus），從小就過得比一般小朋友優渥，從事珠寶生意的家裡，提供他無慮的求學環境，他也順利從大學畢業，並獲得他從小就許下志願的教學工作。在他教學生涯的五年裡，還創辦了雇用超過百人的印刷包裝工廠，成功的事業也帶給他更為優渥的生活。可以說是夢想與事業都實

媒體訪問 穆罕默德・尤努斯

現了。

或許是又有新的夢想要去追求吧！一九七六年穆罕默德．尤努斯獲得獎學金，來到美國范德比爾特大學繼續求學，直到獲得了經濟學的博士學位，並於一九七一年孟加拉獨立建國後，帶著他的美籍俄裔妻子，回到出生的孟加拉吉大港大學擔任經濟系主任的職位。

社會地位高尚又備受敬重的經濟系主任工作，不但讓穆罕默德．尤努斯能夠一展所學，可以好好的將所學的專長，經濟學等專長貢獻給他的國家，傳授給八〇％都在貧窮線以下的孟加拉同胞。

一九七四年孟加拉發生糧食不足的大饑荒，窮困又沒有東西可以吃的人民被迫流浪，很快地就蔓延到了城市裡的火車站、汽車站、街頭、可遮雨的走廊下，束手無策的政府只能進行清理餓死的人民，以避免更大的瘟疫出現，這次大饑荒奪走了超過一五〇萬孟加拉人民的性命。

這件事情深深打擊了穆罕默德．尤努斯，自責的他痛恨自己學的經濟專業，對國家的大饑荒不但沒有幫助，連根本對策也沒有，整天只能在教室裡說些理論、畫大餅讓大家充飢。「當同胞餓死在教室前面走廊的時候，我那些優雅的經濟理論又有什麼用呢？」「我痛恨自己，傲慢自大的認為自己無所不知，可以找到解決問題的辦法」，「我們大學裡的教授，每個都是聰明過人，卻對我們周遭的貧窮一無所知」「為什麼整日工作十二小時，每星期工作七天的人，都無法獲得足夠的食物呢？」這是穆罕默德．尤努斯決定要丟掉書本走向窮人的啟發，他把這些貧窮人當成他的老師，開始對他們及其生活中的問題進行研究。

一九七五年穆罕默德．尤努斯帶領學生，進入鄉村調查研究農作問題的原因，可是發現問題容易，什麼才是解決問題的方法呢？他向那些農民推廣改革稻米種植技術，並在乾旱的季節裡以合作方式修建水利設施，可是他很快地就認知到，這些並不能幫助到真正窮困的人，那些最底層的階級沒房沒產。

有一天，穆罕默德．尤努斯訪問到一個正在販賣自己編製竹椅的婦人：「辛苦工作了一天，可以賺多少錢？」那位婦人說：「二美分。」（約新台幣六元），穆罕默德．尤努斯驚訝的表示：「製作販賣這麼精美的竹椅，怎麼一天只能賺二美分？」婦人解釋說，由於沒有購買製作竹椅材料的錢，她只能去向收購竹椅的商人借錢，並且同意將製作好的竹椅以這個商人訂的收購價格，售讓給這個商人。穆罕默德．尤努斯好奇的問，向商人借多少錢買材料，婦人說「二十五美分。」，穆罕默德．尤努斯感到簡直匪夷所思，只借二十五美分，卻要被商人完全剝削到成為代工的工奴，這個婦人要怎麼翻身脫離窮困的惡夢！難道沒有任何人可以協助他們嗎？他找出了四十二位與這個婦女一樣命運的村民，並集合他們資金需求的總金額美金二十七元，只要美金二十七元，就可以讓四十二個自立自強、勤奮認真的勞作者成為工奴，這個血淋淋的現實生活狀況，讓穆罕默德．尤努斯從匪夷所思中獲得啟示：造成窮困的根源，並不是由於懶惰或是智能不足，而是結構性的問題；缺少資本，再加上放貸者的高利，讓窮人無論怎麼勤奮的工作，也無法存到可以自己投資不用借貸的金錢，再怎麼勤奮的努力工作，也無法越過自給自足的生存門檻，脫離窮困。

穆罕默德．尤努斯從口袋裡拿出了二十七元美金分給這四十二個村民，也就在這一刻，他展開了人類史上從來沒有的事業——一個專門幫助窮人脫離窮困的事業。

穆罕默德・尤努斯立刻去找一些銀行家，讓他們提供可以免擔保的貸款，給這些勤奮卻窮困的勞作者，可是得到的答覆是「不可能」，因為這些窮困的人根本不可信任，更沒有任何信用可言。穆罕默德・尤努斯問說，「您沒有試過，怎麼知道他們沒有信用呢？」，也因為這些銀行家的主觀認定，這個不用擔保品獲得貸款的建議，被徹底否決了，無奈的穆罕默德・尤努斯只能先從自己擔任擔保人，來協助窮困人取得小額貸款。而這個以試驗性質為主的「免擔保小額貸款」的試辦，卻成功的改變了五百位窮困人的生活，穆罕默德・尤努斯又開始不斷的遊說孟加拉中央銀行及商業銀行採納他的實驗。終於在一九七九年，孟加拉中央銀行同意展開這項試驗，並取名為格來明（Grameen Bank）鄉村銀行的貸款業務。

一開始是由中央銀行的七個分行，在一個省進行試驗，一九八一年就擴展到了五個省，而每一次的擴展，都證明了這個格來明鄉村銀行的貸款項目「免擔保獲得小額貸款」的成功及正面的效益，到了一九八三年，格

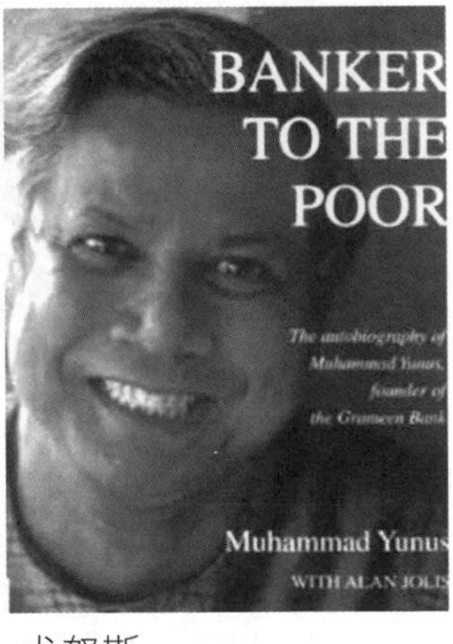

著作發表會上，媒體訪問穆罕默德・尤努斯。

來明鄉村銀行的八十七家分行，成功的讓五．九萬名貸款戶擺脫了窮困，而穆罕默德．尤努，也辭去了他的學術工作，全心投入到這項人類史上從來沒有的創舉——一個專門幫助窮人脫離窮困的事業。如今這個人類史上第一個屬於窮人的機構，格來明鄉村銀行，全世界超過六十個國家效法，幫助超過好幾千萬以上的家庭脫離窮困。

格來明鄉村銀行不但有超過九十八％的還款率，讓所有的商業銀行羨慕不已，更有超過九十五％以上的貸款人是婦女，也在在證明婦女在金錢的運用上，要比男人更有責任及效率。

二〇〇六年瑞典皇家科學院的評審委員，將諾貝爾和平獎破天荒的頒給一位經濟學者，不是表彰他在經濟上的實踐運用，而是表揚他在社會最底層建立經濟和社會發展的努力，也就是為改善貧窮線以下的窮人脫離窮困的機制。誠如諾貝爾頒獎詞所言：和平得以延續，端賴多數人能脫離貧困，小額的信用貸款，就是達成上訴目標的工具之一，而社會底層的脫離貧困，亦有助於深化民主與人權，尤努斯與鄉村銀行證明了，就算是赤貧也能改變自己的人生。

穆罕默德．尤努斯何以能創建出人類史上從來沒有的

格來明銀行，首創銀行下鄉服務。

事業，專門幫助窮人脫離窮困，不但獲得全球超過六十個國家的跟進，更因此而獲得諾貝爾獎呢？

一九七四年孟加拉一百五十萬人民死亡的大饑荒，不但讓他痛恨自己所學無法解決飢餓，經過反省的他，更實際下鄉，進入貧窮的根源地，察覺造成窮困的根源，並不是由於懶惰或是智能不足，而是結構性的問題，尤其是缺少資本。吸血的利息，讓貧窮人無論再怎麼勤奮努力工作，也無法越過自給自足的生存門檻，脫離窮困。要解決這個問題，必須要有一個從根本解決的方式、一個前所未有「免擔保就取得貸款」的管道，才能讓這些勤奮工作的貧窮人獲得資金，而他創辦的「免擔保貸款」試驗，讓五百名貧窮的貸款者，成功的改善生活，讓他確立這項「無擔保小額貸款」的可行性及可貴的價值，洞察了這個無擔保小額貸款可以幫助窮人脫離窮困的「核心價值」。

確立了無擔保小額貸款的「核心價值」，布建適當的「商業模式」，才是讓這個「幫助窮人脫離窮困事業」得以成功的關鍵。他用成功的「無擔保小額貸款」試驗模型，去說服孟加拉中央銀行也展開無擔保小額貸款的省區試驗，他深知這個事業在國家銀行得體制下進行，才更能讓貧窮線以下的人民獲得認同。

讓貧窮人認同還不夠，還要讓貧窮人願意來貸款，貸了款還確信自己可以還的起，確信自己可以因此脫離貧窮。這個幫助窮人脫離窮困的事業要怎麼進行呢？

洞悉了無擔保的小額貸款，可以幫助窮人脫離窮困的「核心價值」，穆罕默德．尤努斯，創建了與以往銀行營運模式完全背道而馳的「商業模式」，一般銀行設在城市，格來明鄉村銀行設在鄉下，而更能貼近需要借貸的貧窮人。一般銀行幾乎全部是借款給男性，格來明鄉村銀行就是主動借給社會地位低下的婦女，顛覆了既往以男人為主的社會認同及結構，也打破銀行行員不是在銀行內承辦貸款業務，而是主動下鄉解說及協助申辦小額信貸的工作。因為貸款客戶是文盲，所以也不用簽貸款合約，更解決了文盲的貧窮人懼怕到銀行，或是被歧視的狀況，不但獲得貧窮人的歡迎及擁戴，更讓此貸款業務獲得極大的成功。另外，他發明創設由五至七名貸款人所組成的團結小組，讓貸款人獲得堅實的團體力量，一方面能相互砥礪打氣，遇到問題又能共商解決，對貧窮的自己能夠脫離貧窮也更具信心，以周還款的機制，更讓貧窮的貸款者，能夠在規律的勞動中，沒有壓力的逐步償還貸款，進而積累到創業的資本，脫離貧窮，更因此達到超過了九十八%的還款率，還破天荒的讓所有借貸客戶擁有格來明鄉村銀行的股份，讓格來明鄉村銀行名符其實的成為「貧窮人的銀行」，這個「商業模式」不但讓全世界所有的金融機構都跌破眼鏡，更讓他們起而取經效法。

穆罕默德．尤努斯創建的格來明鄉村銀行，獲得前所未有的成功，幫助了幾百萬在貧窮線以下還幾乎全部是文盲（祖先幾代都文盲）的客戶脫離貧

格來明銀行的下鄉服務

窮，又為了讓客戶能永遠的脫離窮困，他創建了格來明孩子（Grameen Children），協助在鄉村銀行客戶的小孩都上學受教育，讓這個祖先幾代都文盲的家庭也能夠出科學家、工程師、教師、公務員等。還創辦了非營利的電信公司，不但讓客戶可以用極低廉的費用來使用各種通訊服務，更讓許多格來明鄉村銀行的客戶，來經營這個成本低廉的電信服務事業，而造就了更多客戶成功創業。二〇〇三年更是前所未有的創辦「協助乞丐脫離乞討」的「奮鬥成員」計畫，讓數十萬計的乞丐能夠脫離乞討生活。

以上種種都是以幫助「窮人脫離窮困」的「核心價值」來布建的「商業模式」，而這個不是以獲利為「核心價值」的「商業模式」，也才能夠實現出讓百萬、千萬的家庭，脫離貧窮的成績，造就出人類歷史上前所未有的非凡事業，才以得獲得諾貝爾基金會頒給諾貝爾和平獎的殊榮，肯定穆罕默德．尤努斯自我期許的「讓貧窮去逃亡」、「新的企業模式，創造沒有貧困的世界」的非凡成就。

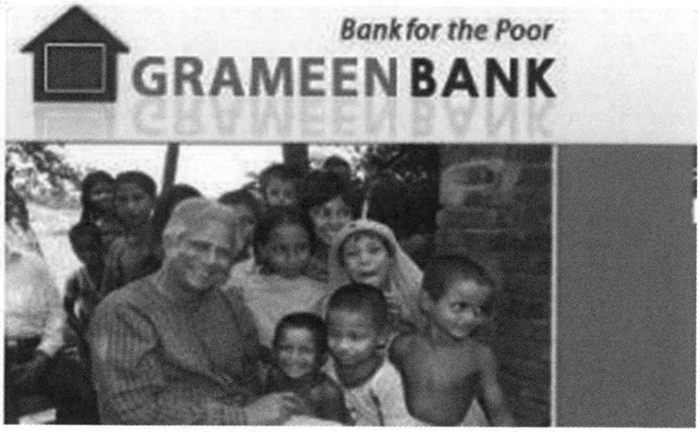

格來明 Grameen Bank 鄉村銀行的網站

10 非凡的核心價值及商業模式

賦予格來明鄉村銀行、科羅娜啤酒、吉利牌、舒適牌刮鬍刀、美國人發明的棒球、紅牛飲料，麥當勞、星巴克、華德．迪士尼等等獨有特性的非凡價值，絕對不是以「獲得公司利益」的想法來規畫，就可以達到的，有多少不可一世的產品、公司、集團等，都在曇花一現後凋零了，能夠屹立不搖的產品、公司、機構等等，一定有其特別的地方，絕對不是僅僅當成「獲利商品」來銷售。深入洞悉商品的「核心價值」，並以其獨有的「核心價值」創造出適當的「商業模式」，讓這個商品得以發揮出獨有特性，才能創造出超越商品的「價值」。就像李維．史特勞斯（Levi Strauss），在一八五〇年左右，順應了時勢的需求，用原本要來製作帳篷的帆布，來製作耐磨、耐髒、耐洗、專門給淘金工人穿的帆布工作褲。

他精確地掌握帆布耐磨、耐髒、耐洗等的特性，跳脫帆布只能做帳篷的認定，洞悉了帆布做成工作褲的「核心價值」，不但大受工人族群的歡迎，更為了要改進穿著帆布料工作褲的僵硬不舒適，而更深入鑽研出穿著舒適且亦如帆布般耐用、耐磨的斜紋棉布料來取代帆布。更為了解決工作褲的口袋縫線易破，而增加口袋打鉚釘的製作，這種種細心鑽研的投入及製作，不

早期美國西部拓荒的帆布篷車

但更精確地掌握帆布做成了工作褲的「核心價值」，並且申請了專利。更巧妙的以其獨有的專利「口袋打鉚釘工作褲」，來建構經銷「商業模式」，而成就了李維．史特勞斯的工作褲王國。這個口袋打鉚釘的工作褲，幾乎是所有現代的地球人都會想要擁有一條的「牛仔褲（jeans）」，而李維斯（Levi's）牛仔褲，自一八八五年發明至今，也一直是全球牛仔褲的霸主，而由他發明創造出世界第一個牛仔褲型號的原創五〇一李維斯牛仔褲，更是可以永久珍藏的代表。

這也說明了洞察商品的「核心價值」，並精確規畫製作，就如同藝術家創作的傳世作品，還會因歲月的洗煉而更加的彌足珍貴，就像那些堅毅不拔的藝術大師所打造的藝術之都巴黎、佛羅倫斯、羅馬等，一直會是全世界藝術家、藝文界、創作者等來朝拜的聖地。而一個有靈魂的商品，不但是消費者喜悅的源泉，更是最好的療癒師。

如何讓商品有靈魂？深入挖掘商品的「核心價值」，探索出此商品的特性、升級方向、各種影響性、

早期美國牛仔的服飾

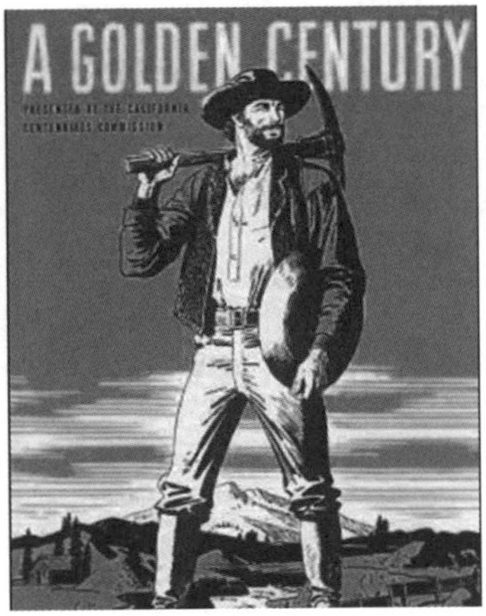

早期美國的淘金者

可能有的發展、非營利性的特質、與現在趨勢的互動性、與新技術的交合性、以消費者來思考的接受性等等，並策畫出適當的「商業模式」。尤其適當的「商業模式」往往才是贏得市場的關鍵，一項極棒的技術發明，沒有好的「商業模式」，也只能像前浪一樣的躺在沙灘上，或是委身在代工的層級。一個好的「商業模式」，就算自己本身沒有獨有的技術發明，也可能領袖群倫，就像微軟（Microsoft）比爾・蓋茲（Bill Gates）的視窗 Window，蘋果賈伯斯的 iPod、谷歌（Google）的安卓 Android 作業系統、美國的麥當勞、星巴克、世界童子軍（World Organization of the Scout Movement）、美國國家地理頻道（Nationl Geographic Channl）、中國的媽祖、台灣的行天宮和慈濟、瑞典的諾貝爾等等。而在高科技產業、體育用品產業、許多的國際名牌裡，更常常看到獨特技術讓品牌更壯大的實例，發明技術或設計創新的人和團體，卻依然只有在後勤的團隊裡，跟著老闆的發達而升天。

最經典的 501 李維斯 Levi's 牛仔褲

chapter2

世紀爭霸的「商業佈局」

1 比爾蓋茲如何成為世界首富

誰是跨越二十、二十一世紀的世界首富？每個人都知道是比爾．蓋茲，何以比爾．蓋茲 Bill Gates 會成為世界的首富呢？這當然要歸功於他的軟體視窗（Window），那，視窗是怎麼發展起來的呢？

或許，這一切還與來自台灣的黃世明、黃世英兩兄弟有關係。

比爾．蓋茲還是哈佛學生的時候，一個由王里瑱（li-chen Wang）博士編寫，後來被用於 Altair 8800 的程式 Basic 的原始碼公開在雜誌裡，Altair 是全世界第一台銷售成功的個人電腦，Basic 是易學易用的電腦程式設計語言，就是後來 Microsoft Basic，也就是後來的 MS-DOS 作業系統的基礎。

一九七〇年起，電腦巨人國際商業機械設備公司 IBM（International Business Machines Corporation）跨入個人電腦時，就是採用 MS-DOS 作業系統。不多久，這個

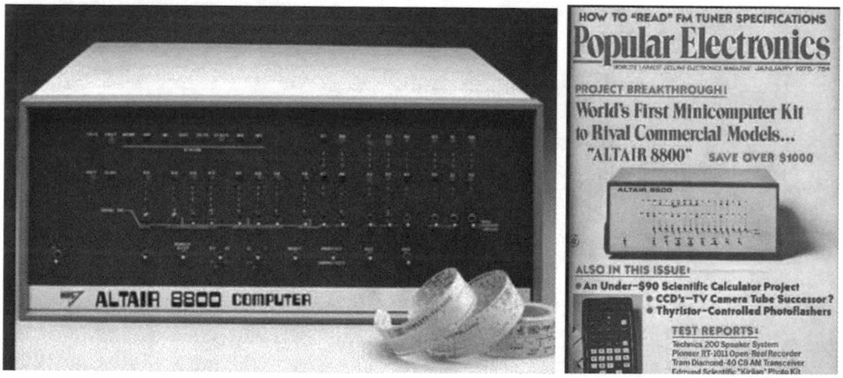

Altair 8800 的電腦

有著太多由數位開發公司（Digital Research INC），開發的個人電腦作業系統 CP/M 影子的 MS-DOS 作業系統，就被廣泛的安裝在所有的個人電腦上，不僅僅是安裝在ＩＢＭ的個人電腦，其他品牌的個人電腦也自行安裝上，這在當時是再理所當然不過的事情。

當時ＩＢＭ是電腦界的巨擘，所有的規範都是以ＩＢＭ制定的為準，尤其是硬體規格的制定，ＩＢＭ電腦怎麼定，全世界就跟隨，軟體根本不值錢。軟體設計師就像創造歌曲一樣，寫一首歌，收一次錢，一個程式只能收一次錢，也幾乎沒人使用軟體，還要找到寫軟體的人來付費買軟體，就是想要找，也找不到。ＩＢＭ電腦用了什麼軟體，大家就用什麼軟體，一點疑慮爭議也不會有。就這樣，全世界的電腦自然也就安裝了由ＩＢＭ電腦等公司，花錢設計或是付費買來的軟體，其中當然包含 MS-DOS 作業系統。

一九七〇年代，台灣的黃世明、黃世英兩兄弟在台灣的高雄生產全世界占有五成以上的電動遊戲機（Arcade

早期的 IBM 個人電腦

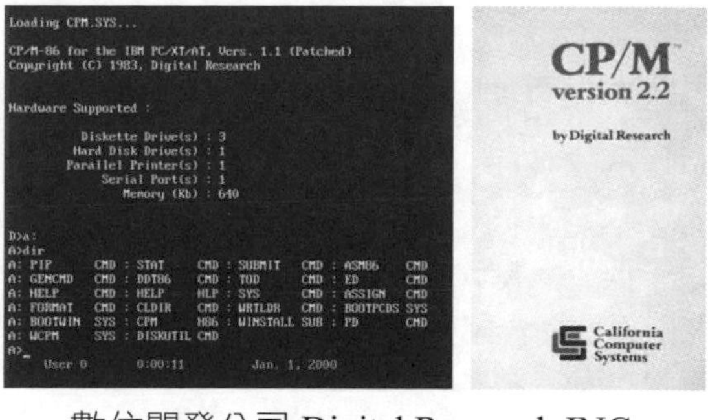

數位開發公司 Digital Research INC,
開發的電腦作業系統 CP/M

Game）的主機板（Motherboard），產品有敲磚塊（BLOCK）、吃豆人（PACMAN）、迷魂車（Rally-X）等等。因為生產遊戲主機板需要大量的作業員、工程師，黃氏兄弟只好向學校租借教室來考試。應試者都來自全台灣各地電子科系的畢業生，幾百人的電子廠從改硬體、改線路、重新布線、採備零件到上線生產等等，不但為台灣賺取了大量的外匯，更為台灣的電子業奠定了扎實的基礎。幾乎現在台灣電子業的高階主管，大都是直接或間接從電動遊戲機的經歷出身，而影響更大的是，或許因為黃氏兄弟的緣故，也間接造就了比爾．蓋茲，造就了微軟，這可能是連比爾．蓋茲本人都不知道的機緣。

當時的主機板硬體是有專利的，所以黃氏兄弟就將有專利的電動遊戲機的主機板硬體，重新設計規畫。軟體呢？因為沒有專利，就如同全世界所有的電腦公司做法，直接安裝花錢買來的既有軟體就好。此狀況被當時的遊戲軟體巨人雅達利（Atari），貝利（Bally）等公司告上美國法院。

如小螞蟻般的黃氏兄弟，怎麼可能抵抗得了這些全球電動遊戲機如大巨象的公司提告，更何況還是在大巨象的地盤上，黃氏兄弟

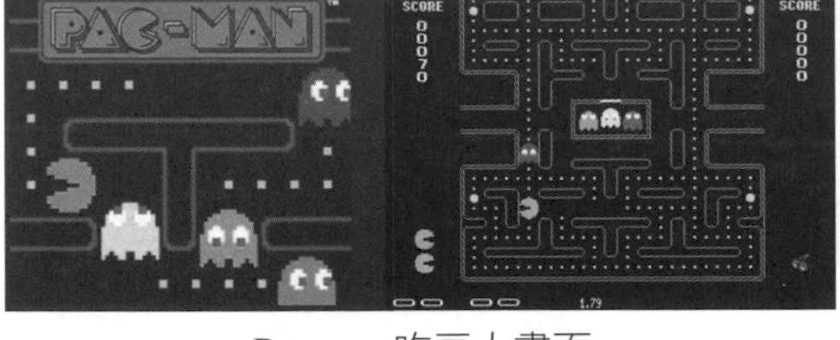

Pacman 吃豆人畫面

Rally-X 迷魂車畫面

理所當然的告輸了，也就結束了工廠，而此判例也列入到美國的法典中，全世界也正式宣告，軟體有專利的時代來臨了。

或許比爾．蓋茲的律師，就是引用了這個判例，扳倒了當時的電腦巨人ＩＢＭ，迫使ＩＢＭ庭外和解，相對等於是告贏了ＩＢＭ的侵權官司，也終結電腦以硬體領導的時代，之後的電腦，就是軟體來領導的新時代。

或許黃氏兄弟的官司晚幾年的話，有著CP/M影子的MS-DOS作業系統的比爾．蓋茲Bill Gates，要贏得ＩＢＭ庭外和解的機會是極為渺茫的。

比爾．蓋茲贏了官司，就是真實版的小螞蟻扳倒大象的奇蹟，自然聲名大振，接踵而來的際遇，更是讓他一步登天。他與蘋果電腦的賈伯斯，對當時美國的全錄（XEROX）公司研發的圖形介面ＧＵＩ技術，產生了極大興趣，於是賈伯斯發展出了蘋果電腦獨有的蘋果作業系統，而剛成立新公司微軟的比爾．蓋茲，幾經修改，也完成了取名叫「視窗window」的作業系統。蘋果電腦在賈伯斯所帶領研發的圖形介面OS系統，可以安裝在自己生產的蘋果電腦上，以自己

美國的全錄（XEROX）公司

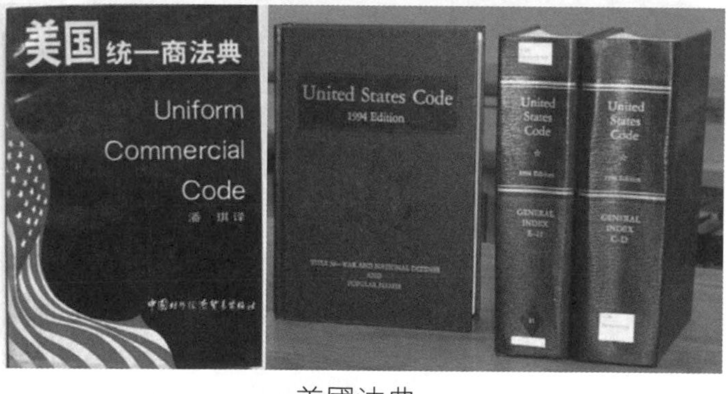

美國法典

原本就有推廣通路銷售。

那微軟的視窗呢？要如何才能讓大家安裝呢？安裝與否，還要消費者說了算，當時的軟體，複製極為普遍，多數的消費者根本不會花錢買軟體的，更何況誰也不了解視窗軟體是個什麼樣的軟體，這時，台灣廠商又扮演了讓比爾・蓋茲成為世界首富的大推手。

比爾・蓋茲將觸角伸到了當時執世界電腦、尤其是執個人電腦出貨量牛耳的台灣，他挾著告贏IBM電腦的聲勢，讓台灣出產的個人電腦，全部先安裝好他的視窗軟體再出貨，支付此視窗軟體的費用，完全由台灣生產、出貨的廠商付費買單，不再向消費者收取。或許是因為他告贏IBM的關係，台灣廠商只能照辦，一夕間，視窗軟體，是全世界個人電腦最普遍的軟體，也由於它革命式的圖形操作的作業系統，讓使用個人電腦的人數暴增，台灣廠商日夜加班生產，自然也分得了暴增利益中的一小部分代工費，視窗軟體只要由台灣廠商複製、安裝在個人電腦上就出貨的大暴利，讓比爾・蓋茲只需在家睡覺，就成了世界

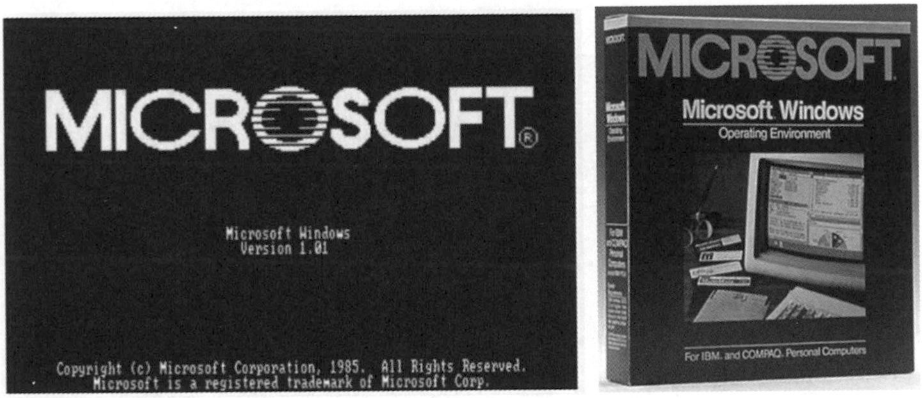

最早期的美國視窗 Window 軟體

首富。

台灣人還真是好用。

咦！不是還有一個開放原始碼，還免費的紅帽（RedHat）作業系統嗎？怎麼連免費也敗下陣來呢？

這也說明了商業營運模式，還不一定免費就是王道。

紅帽 RedHat
作業系統

年輕時期的比爾．蓋茲

2 蘋果賣的是MP3嗎？

蘋果的創辦人賈伯斯，怎麼會賣全球氾濫、價格低廉的MP3呢？為此，不但將親生子麥金塔電腦打入冷宮，還請國際頂尖的設計大師，為蘋果的MP3量身特製新衣，另取了個新名字iPod。看似單純賣iPod的業務，其實有著與以往完全不同的商業邏輯及布局，以往賣麥金塔電腦，賣出一台，就只能賺一台電腦的利潤，延續爾後的利益非常少，像是開出租車，今天不開車，就沒有收入了，推出iPod卻不一樣。iPod是下載iTunes的工具，已經經過皮克斯（PIXAR）公司歷練的賈伯斯，與尚未躍出蘋果公司魚潭歷練的他，完全不同了。

完全不同的行業、領域，更有著完全不同的邏輯、商業思考，一個以影音創作、著作權等，來延續商業利益的影音製作業，與設計、組裝、整合電子零件成為商品的電子、電腦買賣業截然不同。躍出蘋果這個魚潭，又敏銳的賈伯斯，也許正因此嗅到了無比非凡的商業機會，尤其是一問世就全球氾濫的MP3，正是引領全球流行、消費主流競相追逐的爆炸商品，消費者要的是什麼？

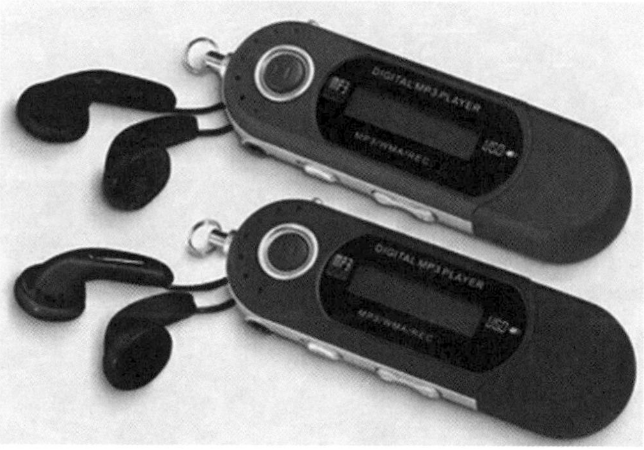

早期的MP3

設計一個與低價MP3區隔的「貴族MP3」，正是流行的中間市場所欠缺的。iPod一問世就成為引領全球流行、消費主流族群的共主，再加上解決了搜尋不便、非法下載音樂等等的苦惱，更奠定了iPod繼蘋果麥金塔電腦之後，又再一次被主流市場擁抱的桂枝。這也令以往以買賣為主的商業模式，跨入到使用者付費的搖錢樹商業模式，消費者用iPod下載付費音樂，蘋果就有了收入，蘋果種了iTunes的果樹，消費者用iPod摘果子，蘋果二十四小時的銀行戶頭，分分秒秒的秒進斗金，這個搖錢樹硬是要得。

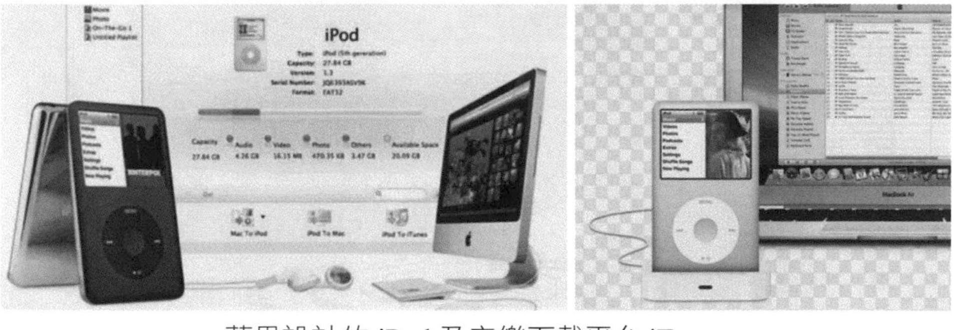

蘋果設計的 iPod 及音樂下載平台 iTunes

3 人性設計還不夠

行動電話的兩大巨擘，諾基亞與摩托羅拉（MOTOROLA），怎麼會沒想到而後的幾年內，會讓他們雙雙退出市場。尤其是喊出「科技始終來自人性」的諾基亞，更是慘到幾乎連品牌都退出市場了。

一個 iPod 有什麼了不起的，不過是能裝載很多音樂的播放器而已，我們的行動電話裡面加入這個功能，不就解決了嗎？要使用 iPod，消費者還須要多帶一個播放器的裝置，多不方便啊！奉「科技始終來自人性」為圭臬的諾基亞，不知道會不會這樣想？

可是，全心全力打造 iPod 的賈伯斯，會沒有想到嗎？之所以會成為「神人」，賈伯斯，若只是一般般的領導者，也不會讓坐在星巴克喝咖啡的蘋果族，有著與眾不同的氣質吧！

你看，只要在星巴克的咖啡桌上放著 MAC 筆記型電腦的，是不是會讓人覺得有氣質些，會有多看一眼的尊貴感，一樣是筆記型電腦，你桌上放的是發明筆記型電腦的東芝（TOSHIBA）筆記型電腦，還是純美國血統、誕生於一九三九年的惠普

使用 MAC 筆記型電腦的人，氣質也不一樣

HP筆記型電腦，都不會讓人多看一眼，可是如果放的是蘋果筆記型電腦，偏偏就是會讓人多看一眼，也會覺得這個人的氣質就是不一樣，為什麼會這樣？這就是「神人」賈伯斯與眾不同的「神人」特質。

賈伯斯，戮力在設計研發上打造「與眾不同」的產品，不但深耕在「如何與眾不同」的設計裡，更以超越龜毛的吹毛求疵，讓產品絕對要有「超凡品味」，讓使用者，不但也有著高人一等的優越感，更讓沒有使用的人給以崇羨的眼光。

同樣的「超凡品味」，也呈現在iPod音樂播放器上，君不見，載著蘋果耳機用iPod聽音樂的族群，也會讓人投以崇羨的眼光啊！拿的是諾基亞旗下最貴的「威圖（VERTU）」手機，只會讓人感受到錢多多，可是用iPod聽音樂，就會覺得你「有品味」，可若是用「威圖」手機聽音樂，就覺得你「差一點」了。iPod不但讓使用者的身分更尊貴，也讓你就是「高人一等」。

有品味的消費者，就算是有了高檔的諾基亞、摩

iPod不但讓您的身分更尊貴，也讓您就是「高人一等」

特羅拉，可還是會用 iPod 來聽音樂，這就是「神人」賈伯斯與眾不同的魅力。不但更站穩了音樂播放器、音樂下載的龍頭位置，接下來的演變，更在占據行動電話霸主、霸后十幾年的諾基亞及摩特羅拉雙夾擊的情況下，創下同時間被蘋果雙擊倒K. O.（Konck-out）的輝煌戰績。

諾基亞及摩特羅拉在手機上加入音樂播放器 MP3 的功能，影響最大的是價格低廉的 MP3，也讓 MP3 的銷售在一夕之間崩盤了。這當然也會影響到 iPod 播放器的成長，iPod 靠著「超凡品味」的成長也是有限的，可是已經嘗到龍肉的蘋果怎麼可能甘於吃素呢！

挾著 iPod 讓蘋果起死回生的業績、iTunes 的搖錢樹邏輯，「神人」賈伯斯向行動電話的霸王、霸后宣戰，你可以在手機上加入音樂播放器 MP3 的功能，我自然也可以做行動電話。就這樣，一個保有 iPod 滑轉操作方式的滑動螢幕，和虛擬鍵盤觸控螢幕的行動電話 iPhone 誕生了。

iPhone 的問世，尤其是在「神人」賈伯斯與眾不同的「設計品味」要求下，自然影響到了諾基亞及摩特羅拉的市場，可是一個要改變使用者使用手機的習慣，同時又要挑戰「科

訴求人性化的諾基亞廣告

技始終來自人性」的高牆，蘋果的 iPhone 並沒有引起像 MAC、iPod 的巨浪，反而因為要改變使用者使用手機的習慣，要撥電話時，要先讓撥號的虛擬數字鍵盤出現在螢幕上，再按觸螢幕上的虛擬數字，來完成撥通電話的步驟，取代一目瞭然、直接按數字鍵撥號的諾基亞手機，幾乎是不可能的任務。

已經讓手機通話步驟極其簡單又明瞭的諾基亞手機，要被繁雜的虛擬撥號鍵盤的觸控螢幕步驟取代，對大多數的手機使用者而言，是很難接受的。更何況 iPhone 可以上網，諾基亞也可以，iPhone 可以聽音樂、講電話，諾基亞也可以，iPhone 有的功能，諾基亞也都有，當時 iPhone 無法讓諾基亞的使用者有想要換 iPhone 的衝動，尤其是諾基亞也將銀幕放大了以後，蘋果的 iPhone 銷售不如預期，甚至有停滯、衰退的跡象。

4 諾基亞兵敗如山倒

當所有的手機都在玩鎖鏈蛇、敲磚塊、挖地雷的時候，有一款手機遊戲，一夕之間讓 iPhone 像火箭般的爆炸式成長，也讓傳統按鍵式手機、兵敗如山倒，也是這個遊戲，打開了觸控螢幕、手滑遊戲的新紀元，這就是芬蘭公司研發的憤怒鳥 Angry Birds。

坐在隔壁的小芬，拿著她的 iPhone，用指尖觸控螢幕的方式，操控憤怒鳥的彈射彈弓強度，將夾在彈弓中間的憤怒鳥，彈射出去所發出來的「biuuu……」聲音，迴盪在教室，這讓拿著剛中大樂透的老爸送給自己諾基亞旗下最貴的「威圖」手機的小明，很不爽，同學都在看小芬怎麼「biuuu……」的，沒有同學對自己的「全世界最貴手機」有興趣，這是小明落寞哀怨的原因。

第二天，小明第一個到學校，帶著剛買的 iPhone 準備與小芬一起「biuuu……」時，其他幾個同學，也拿出了剛買的 iPhone 來問小芬，怎麼安裝憤怒鳥「biuuu……」，原來，落寞哀怨的不只小明一個。

這就是讓諾基亞、摩托羅拉等傳統按鍵式手機公司，兵敗如山倒的秘密，不是 iPhone 打敗了他們，他們是敗給了或許連「神人」賈伯斯都沒有預測到的「biuuu……」，這個憤怒鳥觸控指滑手機螢幕的遊戲。

憤怒鳥的遊戲畫面

芬蘭公司研發的憤怒鳥

這個指滑手機螢幕遊戲的功能，是諾基亞、摩托羅拉等傳統按鍵式手機無法做到的，當旁邊的人拿 iPhone 在「biuuu……」的時候，拿著傳統按鍵式諾基亞、摩托羅拉手機的自己，就有想要將傳統按鍵式手機換成 iPhone 的衝動了。

芬蘭的憤怒鳥，讓 iPhone 的需求又掀起了巨浪，更讓已經有搖錢樹布局的蘋果公司，如日中天的向成為全世界最大市值公司的地位邁進。「iOS iPhone Operating System」是蘋果 iPhone 手機的作業系統，這個與 iTunes 一樣的果樹，不但讓全世界的 iPhone 手機以零點零幾秒的瞬間，在全世界採果實，更讓全世界開發手機運用於遊戲、交友、影視、行動電話運用等等的開發公司，如雨後春筍的蓬勃發展，當然這些公司也必須先上貢給蘋果公司權利金，而後還要在產生的營收裡，再繳交給蘋果公司相當高的營收比例，約是營收的三十%，不是毛利或淨利，是營收的比例喔。

這個利潤是多麼嚇人啊！全世界要參與開發運用軟體的公司還沒賺錢，就要先上繳給蘋果權利金，其中不管賺錢不賺錢，參與營運的公司還要讓出三十%的營收利益給蘋果，這就是「神人」賈伯斯，從設計、組裝、整合電子零件成為商品的電子、電腦買賣業，再歷經皮克斯公司，一個以影音創作、著作權等來延續商業利益的影音製作業的革命性作品。一如之前的 iTunes 與

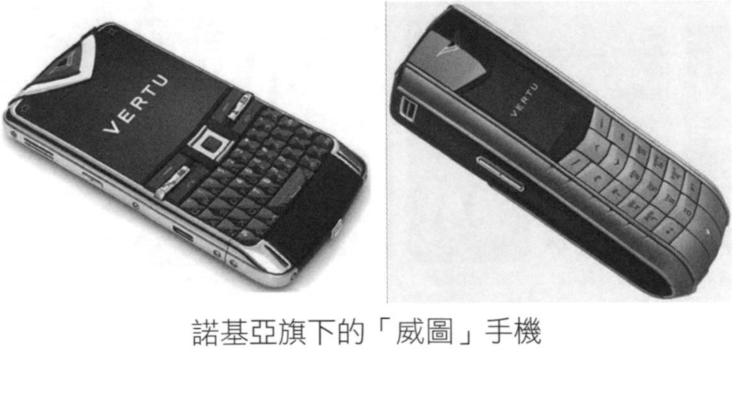

諾基亞旗下的「威圖」手機

iPod 一樣，蘋果種了 iOS 的果樹，有興趣的應用程式 APP 軟體開發公司，付給蘋果嫁妝後嫁入，嫁入後應用程式 APP 軟體的收割，也是需要上貢給蘋果的。消費者自動用 iPhone 下載應用程式 APP 軟體，並付費使用時，就是摘了果子給蘋果了，於是蘋果二十四小時的銀行戶頭，都是所有消費者分分秒秒的貢獻，讓蘋果秒進斗金。

咦！你怎麼說「神人」賈伯斯，都沒有預測到的「biuuuu……」，憤怒鳥指滑手機螢幕的遊戲，是讓諾基亞、摩托羅拉等傳統按鍵式手機公司兵敗如山倒的原因呢？

這是因為「神人」賈伯斯，在定位 iPhone 的時候，iPhone 的「核心價值」還是以行動電話為主，所以才堅持要方便攜帶，一手掌握剛剛好的三．五吋以下的螢幕尺寸，一直要到 iPhone 5，二〇一二年以後，才有四吋、四．七吋、五吋、六吋的螢幕尺寸，加入了以手機遊戲、影音播放等影音、娛樂、遊戲為主的「核心價值」運用來設計。在二〇一二年以前，iPhone 都是以行動電話的運用來設計，因此，掀開以手機遊戲、影音播放等娛樂遊戲，這個潘朵拉的盒子的，應該歸功於芬蘭的指滑手機螢幕遊戲憤怒鳥。

蘋果的 iPhone 系列產品

腰繫倚天劍，手握屠龍刀的蘋果電腦，在「神人」賈伯斯 Steves Jobs 的號令下，誰敢不從，數十萬家依附著蘋果的大僧小尼，無不日夜焚香參拜，這時有一個默默看著蘋果獨霸天下的隱士小金剛，機器人安迪．羅賓（Andy Rubin），二〇〇三年起，就以 Linux 為基礎，開發出一個運用於智慧手機的系統「安卓 Android 系統」，更在二〇〇五年獲得搜尋巨人谷歌（Google）公司的全力支持下，開始行走江湖，也漸漸嶄露頭角。

要與腰繫倚天劍、手握屠龍刀的蘋果手機 iPhone 對抗，是談何容易啊！更何況「神人」賈伯斯，是觸控螢幕行動裝置的創始者，這場科技戰役，要如何展開呢？

蘋果到 4S，螢幕都還是 3.5 吋的設計。

5 一場佈局五年的戰役

早就知道，誰能占據消費者的開機上網系統，誰就會是發號司令的支配者，反之，就是被支配者，這個先知，就是與微軟論劍許多年的谷歌。在微軟還持續享受著，獨占個人電腦，為全世界開機上網率第一名的迷濛美夢時，一直如履薄冰的谷歌，就已經察覺，用行動上網的手機裝置來上網的數量，將會取代個人電腦的開機上網的數量，因此在二〇〇五年之前，就布下行動上網的戰略局勢。不但併購了隱士小金剛，機器人安迪．羅賓的「安卓」系統，更以只要是蘋果的競爭公司，就是谷歌戰友的策略，廣招盟友。

因此谷歌 在二〇〇七年就整合了「非蘋果陣營」的自有品牌智慧型手機聯盟，加入的公司有美國博通（Boardcom）、台灣宏達電（HTC）、美國英特爾（Intel）、韓國樂金（LG）、美國美滿（Marvell）等公司，二〇〇八年又增加了英國的安謀（ARM）、大陸的華為、日本的索尼（SONY）等等幾十家公司，幾年間，就整合足以

中國的谷歌招牌

與大巨人蘋果抗衡的「非蘋果陣營」。二〇一〇年更以「免費開放原始碼」的授權方式，讓智慧手機的生產廠商，推出安裝「安卓」作業系統的智慧型手機，此戰術讓「非蘋果陣營」一夜之間與巨人蘋果分庭抗禮，之後更在專門幫蘋果生產 iPhone 手機的韓國三星（Samsung）的倒戈，也加入 Android 作業系統的智慧型手機陣營下，谷歌領導的安卓，正式奠定了智慧型手機聯盟，取得用行動上網的手機裝置來上網的霸主位置，讓開發出全世界第一個智慧型手機的蘋果，到現在都一直在後面苦苦的追趕，那，軟體巨人微軟呢？喔，她啊！她還沉醉在個人電腦的霸主美夢中啦。

哇！這個谷歌的「安卓」真的厲害，這麼短時間就躍上智慧型手機世界霸主的位置，不但讓蘋果苦苦追趕，還讓所有生產智慧型手機的公司，不但全部心甘情願，更是感激涕零的無條件推廣谷歌的「安卓」，可是谷歌的安卓要怎麼賺錢呢？

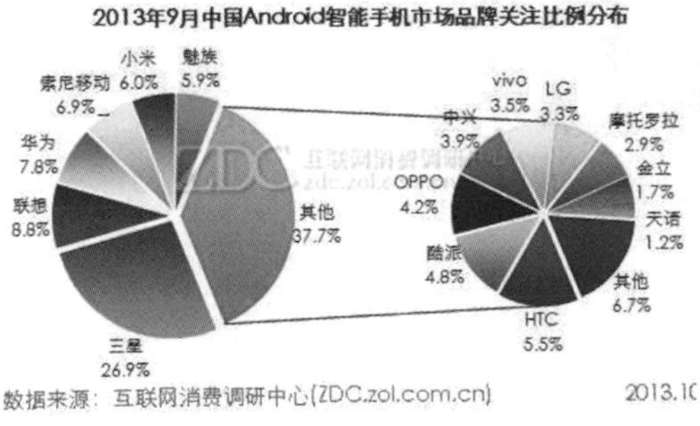

2013 年大陸智慧手機的品牌市占率

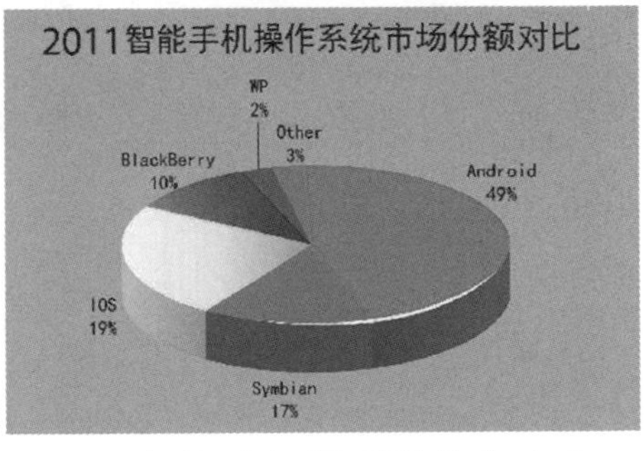

2011 年全球智慧手機的市占率

6 胸襟不同的商業格局

蘋果的 iOS 果樹，讓有興趣的公司給嫁妝後才能嫁入，嫁入後的收割還需上貢，消費者自動用 iPhone 摘果子給蘋果，蘋果二十四小時的銀行戶頭分分秒秒進斗金。

谷歌的安卓呢？「免費開放原始碼」的授權方式要怎麼賺錢呢？

這個又是谷歌的安卓極為厲害的核彈級武器。

蘋果讓有興趣的公司要先給嫁妝，谷歌的安卓不用，你只要有興趣加入安卓陣營，就可以免嫁妝嫁入，等到你公司營運了，公司三十%的營收比例給谷歌的安卓系統就可以了。這個「商業模式」，石破天驚般的讓全世界的各路英雄、軟體高手躍躍欲試，再一次成功的掀起了百家爭鳴的盛況，真所謂，成功絕對不是偶然的，有了好商品、好技術、好發明、也要有對的「商業模式」，才有機會嶄露頭角，沒有谷歌加持並精心布建商業模式的安卓，或許會像諾基亞的 Symbian，或是微軟的 Window Mobile，漸漸式微，真正讓安卓傲視群倫、鶴立雞群的是谷歌的佈局策略、商業模式。

微軟以個人電腦先安裝好視窗軟體，再讓電腦公司出貨的「商業模式」成為軟體霸主，世界首富，蘋果以開創音樂、指滑遊戲等行動平台嶄露頭角，谷歌的安卓以開放式的合作方式贏得江山，在在顯示了適當的「商業模式」，才是奠定成敗的最關鍵因素。

這三者的營運格局不一樣，胸襟也不一樣。

7 營運格局成就事業高度

微軟的視窗軟體要賣錢，也要賺那些開發出的相關應用程式的錢，如文書軟體 Offices word、財會軟體 Excel、visual studio、soungsmith、powerpoint、outlook、visio、project、access 等等，更要賺學此軟體的工程師認證的錢。

蘋果電腦的營收，與微軟不同的是，蘋果電腦以提供專業軟體給專業人士賺錢為主，而不是以賺工程師認證的錢為主，是讓他們買軟體，當成工具用來賺錢的，另外，蘋果的 iPhone 作業系統 iOS，先賺欲加入合作公司的權利金，待此公司營運後，再賺此公司一定比例的營業額。

微軟與蘋果，此兩家公司，讓有意參與的公司或個人，都要先支付費用後，才能展開自己想要進行的計畫；也就是，還沒有賺錢時，就要先讓微軟及蘋果賺錢，不同的是，微軟賺的是工程師的錢，蘋果的 iPhone 作業系統 iOS 賺的是要參與 iOS 平台、開展事業的公司的錢。

谷歌的安卓呢？它卻不一樣，它是讓有意參與的公司或個人賺到錢後，才收取他們一定比例的利潤，也就是讓

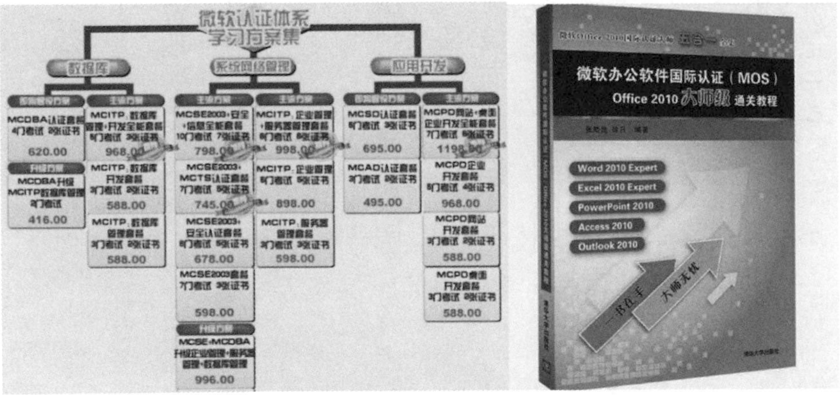

學習微軟相關軟體及認證的收費參考

合作的大夥一起將餅作大，提供一個無限大的大餅平台，讓參與者先賺錢了，再來分享參與者的利益，這個先利人再利己的商業模式厲害吧！是不是有些像我們夢中的理想國啊！

由此可以看出，這三者的營運格局不同，也可以預測一下，未來一統江山的真霸主是誰了吧！尤其是沒有「神人」賈伯斯的蘋果，是不是真的能傳承賈伯斯的「特質」，以超越龜毛的吹毛求疵，讓產品絕對要有「超凡品味」，讓使用者有著高人一等的優越感，更讓沒有使用的人投以崇羨的眼光。

且讓我們拭目以待！

難道谷歌的安卓，就是最後的終極平台嗎？有沒有什麼方式、方法、技術、更厲害的營運模式能夠對抗谷歌的安卓呢？

這是蘋果、微軟、韓國三星、日本索尼等等，所有的世界級大企業都在戮力發展的目標，以不計成本的代價也要達成的使命，如果做不到，就有可能會被不只有安卓的谷歌給吞食了。現在，幾乎所有與搜尋、監測、上網、行動、螢幕等等有關領域，谷歌都是領先者，已經讓出數項霸主的軟體教父微軟，只能在泥沼裡哀怨的表示「指滑觸控螢幕」是我們先用在桌上電腦Surface的，雖然極欲奮起，卻是欲振乏力的節節敗退，少了「神人」賈伯斯的蘋果，在新掌門人庫克（Tim Cook）的領導下，感覺像是越來越向立即取得市場獲利靠攏，缺少了以往如「第一個圖形介面電腦MAC」，「第一個結合下載音樂的貴族播放器iPod」，「第一個指滑觸控螢幕的行動裝置iOS加iPhone」等等，這些以「超凡品味」的設計又能「引領全球」的創造性格局。

感覺像是山寨了蘋果的iPhone，又挖角了「台灣積體電路」奈米製程的韓國三星，一直找不出有什麼可以刮目相看的東西，其他通路品牌公司，如索尼、ＩＢＭ、雅虎、惠普、亞馬遜（Amazon）等，及與網路有關的半導體巨擘英特爾、高通（Qualcomm）、德州儀器（T.I.）等等，也都只能在將被吞噬的危機中，堅守自己的堡壘，更遑論已經備受谷歌無人汽車威脅的汽車業。

怎麼辦？這個世界就要被谷歌占領了嗎？難道沒有抗衡的辦法了嗎？

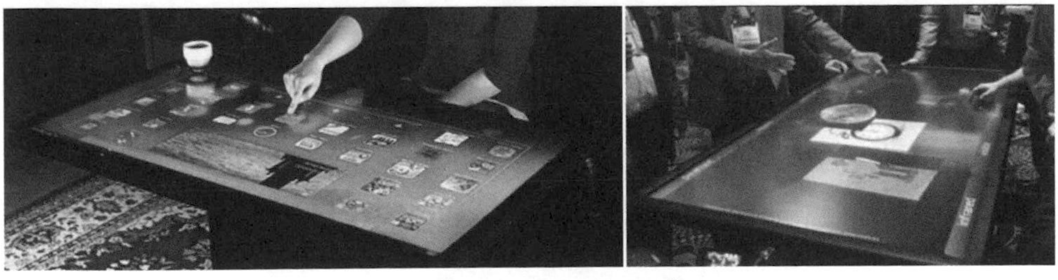

微軟發表的桌面手滑觸控電腦 Surface

8 江山代有才人出

早在大陸的ＱＱ號當成網路識別碼用在交友的時候，以色列的工程師就已經發明了 I SEEK YOU（就是ＩＣＱ），極快的造成全球流行，尤其是使用在交友上，更是如火山爆發般的席捲全球，不到兩年，美國的美國線上公司ＡＯＬ（AMERICAN ON LINE）立即發現此軟體的無限商機，很快的就以四．○七億美金併購。可是好景不常，在當時頻寬不足，導致通話品質極差，又沒有更能抓住使用者的新應用技術等等，無法如預計般的逐步成長，但卻打開了網路交友、免費通訊等等的新紀元。

網路免費通訊軟體的新世紀到來，立即挑動了全世界最頂尖程式設計師的指尖，想想！只要在電腦安裝這個通話軟體，置身地球不同端的兩個人，就可以藉由無遠弗屆的網際網路通話，重點是「免費」。

這革命性的創新技術，正如火如荼的挑戰著全世界的電信公司，這個軟體會讓執電信霸權的各國國、私營電信公司，損失多少的通話收入啊，尤其是貴得離譜的國際通話費、漫遊費等。

同時，這也意味著投入這項事業的艱鉅，艱鉅的不是軟體技術，

網路通訊軟體 I SEEK YOU（ICQ）

而是來自於與國、私營的電信、通信公司爭利背後的巨大黑手。

當全球最廣泛的通訊軟體SKYPE，需藉由網際網路連線，卻只能在電腦兩端通話的時候，台灣團隊早在一九九五年（比SKYPE早了五年），就已經發明了可以用電腦或是手機通話的隨身碼技術，此技術遠遠的超過了SKYPE的功能。

隨身碼功能，不只讓兩人可以藉由網路的連線，在電腦兩端通話，更可以讓兩人都不在電腦端的時候，也可以藉由轉接功能用手機或是座機接通電話。重點是，用電腦撥話的人通話費是「○」，接話方用電腦接電話也是「○」，只有用手機撥話或轉接到手機、座機接電話，才要支付國內的通話費。另一個引爆的功能是，隨身碼在全世界接電話是「○」國際通話費、「○」國際漫遊費，就是無論你在美國、中國、德國、無論什麼國，接到的電話是「○」國際漫遊費，而且找你的人不但「○」國際通話費，也根本不知道你在哪裡。這個革命性的創新通訊技術，在台灣

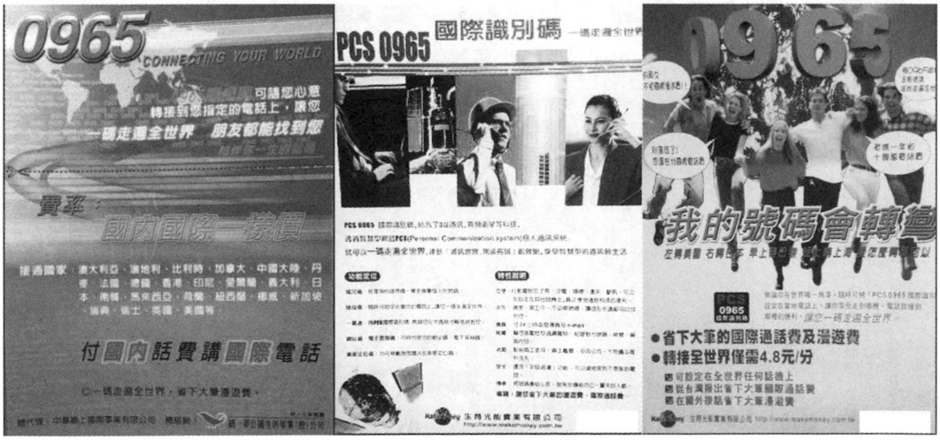

來自台灣團隊研發的隨身碼文宣

的「所羅門」先生帶領下，幾個月就火燒台灣各地，由於此號碼的定位是「個人的隨身碼」，也就是隨附在每一個人身上的號碼，因此隨身碼的運用就相當多元了，可以當成電話號碼，讓你一個號碼走遍全世界，接電話沒有國際漫遊費，打給你的人也不必擔心要支付國際電話費，一個號碼還可以當成網路識別碼，讓你在網路上組建自己的親屬、友誼、商務等等不同族群的園地，並可以應用於付費、收費號碼，讓你在付、收費上更便利，更可以當成安全認證碼，在你運用於不同的功能時，可以安全無虞的即時得到「安全機制」的隨時提醒、保護，以確定此號碼是在你親自的操作下使用。當然還可以與所有的「電子憑證」、「網路憑證」等結盟。

如此種種不同的功能運用，也正在台灣與大陸分割四十年後的開放政策下，快速的在常常往來大陸的台商發酵，可是好幾股隱密的巨大黑影，也正急遽的一波波襲來，先是被強迫與台灣

0 9 9

交通部促中華電信重訂隨身碼費率

可能改採轉接行動電話時，受話方亦須付費的方式，開啟雙端收費先例

〔記者鄭克興台北報導〕交通部昨天決定，將要求國營中華電信在兩個月內重提「〇九九隨身碼」業務費率，由原一段收費改採兩段式收費，消弭來自民營電信業者的反彈，但這項變革，可能首開雙端收費的先例，用戶（即受話方）亦須負擔部分費用，市場接受度如何備受考驗。

中華電信「〇九九隨身碼」業務，將自今（九）日展開文宣攻勢、搶占市場，但因電信總局核定費率是接每秒〇．〇六元收費，相當於每分鐘三．六元，比民營大哥大每分鐘六元，便宜四成左右，如用戶把「〇九九」設定在自己的行動電話上，相對造成民營業者通話費少收，因而引發民營行動通訊業者反彈。

中華電信這次推出「〇九九隨身碼」業務，是透過智慧型網路，標榜一個「〇九九」號碼，即可取代家用電話、呼叫器、大哥大、辦公室電話，一號整合，外出時亦可設定在附近電話上，即使購物、逛街也不會漏接重要電話。

業界反映，隨身碼以每秒〇．〇六元收費，表面上非常便宜，但如以分鐘計算，相當於每分鐘三．六元，如用戶轉接在一般市內電話上，以現行費率每五分鐘一．七元，一分鐘等於〇．三四元，相當於十倍收費；至於轉接在行動電話上，則壓縮民營業者的空間，兩種設計都不合理。

對此，交通部長林豐正雖多次出面與民營業者負責人溝通，但因中華電信這項業務費率已經電信總局核定，在費率已確定的情況下，中華電信不肯提高拆帳金額，堅持付給民營業者每分鐘二元的接續費，導致民營業者不願加入聯網服務，初期只能在中華電信網路內轉接。

值得注意的是，兩年多前民營大哥大業者亟欲投入市場前，也曾與中華電信討論接續費問題，當時雙方同意以暫收方式，以每分鐘一．六元收費，並自去年逐年檢討降低，現行收費為每分鐘一．一五元，比起民營業者每分鐘五到六元不等的大哥大通話費，接續成本比重逐年降低。

但以「〇九九」業務為例，中華電信每分鐘收費三．六元，但目前協商結果，中華電信同意支付給民營業者二元，已超過收費金額的一半，如再要求中華電信提高，或轉由用戶承擔，打破以往一律只對發話方收費的現制，預期對這項業務的推展將有不利影響。

據了解，交通部決策官員昨天再度向中華電信表明立場，要求中華電信務必在兩個月試辦推廣期內，重提費率送審，初步方向可能朝兩段式收費，特別是轉接到行動電話時，可能由用戶負擔部分費用，首開雙端收費的先例。

1999/9/9 中國時報

的電信公司重新簽訂通信費率，再被各個電訊公司莫名間斷式的斷訊，之後上場的是政府的主管單位查報違法使用的調查。無論如何，一定要將隨身碼去之而後快似的。

一九九八年，這個全世界功能最先進的網路通訊系統隨身碼，終於在非技術或使用功能不好的狀況下壽終於台灣，卻也造就了中國大陸一號通、香港飛線等的誕生。這也意味著，一個新技術的成功，要衝破多少層層的重大障礙啊！掌握好一項新技術，就算是新公司也是會一飛衝天。

ICQ誕生了大陸的新公司QQ騰訊的飛黃騰達，隨身碼造就了老電信發展一號通、飛線的使用，可是「核心價值」的不同，「商業模式」的不同，卻有著不同的命運。

ICQ與QQ是以交友為核心技術發展，這交友的核心技術所衍生的商業模式及規模，完全將以省話費為核心技術的隨身碼、一號通、飛線等，遠遠的拋棄在後面，而面臨類似此狀況的，還有SKYPE也漸漸的被WHAT'S APP、LINE、微信、TALK等APP軟體，遠遠拋棄在後面了，沒有以人性需求為核心，不斷的衍生出創新技術、創新商業模式等，也只能是曇花一現而已了，縱然最終是歸屬於軟體巨人微軟集團所併購的SKYPE，也將面臨此扼腕的結果。

影音巨人YOUTUBE，也在臉書（FACEBOOK）的新創加入了影音

大陸的一號通廣告

服務後，漸漸流失了它的客戶串流次數，再一次證明企業必須不斷的以人性需求來構建創新技術，是延續企業生命唯一的一條路。

中國電信及中國聯通的一號通文宣

9 無毒電腦、無硬盤工作站

無毒電腦，中國大陸稱「無硬盤工作站」，一個由台灣李錦峰博士在美國矽谷以UNIX技術，研發即時看盤系統，所衍生而來的「雲端」技術，被確認是全球最需要電腦安全的首選系統。

此系統不但造就了大陸的成都鵬博士公司，從鋼鐵、教育起家，現在成為前十大的網路營運商，也是最需要防範駭客攻擊、資料被竊等國家級防密機構、國防機構、全球連鎖集團、證券公司、企業公司等等的首選系統。

為何「無毒電腦」又稱「無硬盤工作站」呢？此系統是由幾十台以網路連線的電腦中的一台電腦，來當伺服器主機Server電腦，將其他的電腦（又稱工作站）裡的硬盤（硬碟）拿掉，所有工作要用的作業系統（O.S.）及所有的軟體等，通通由伺服器主機電腦提供，工作端電腦沒有硬盤

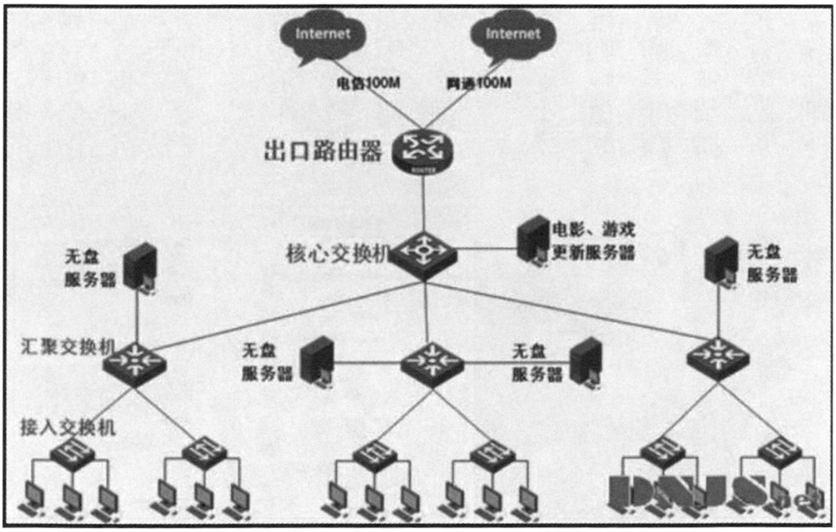

「無毒電腦」又稱「無硬盤工作站」的布建圖

（硬碟）等儲存裝置，工作端所做的工作，直接儲存在主機伺服器電腦裡，儲存時，還是以此無毒電腦系統自創獨有的儲存「格式（Format）」儲存，因此就算工作端的電腦裡，有來自網路端攻擊等的病毒，或是被駭客鎖定為攻擊目標，只需要將工作端的電腦關機重開，病毒或攻擊程式就完全不見了。

因為沒有硬碟，所以病毒或攻擊程式完全無法留在工作端的電腦裡，因為儲存「格式」不同，就算病毒或攻擊程式被儲存在伺服器電腦裡，對伺服器電腦而言，也只是一連串〇與一的符號而已，所以此無毒電腦系統，完全不受病毒或駭客用攻擊程式影響。

若是因機密需要，還可以將外部連線的連線裝置，及外接儲存USB、外接硬碟等的裝置取消，讓此工作端的電腦所做的所有工作，都只能儲存在指定的伺服器電腦裡，萬一商業間諜將伺服器電腦裡的硬盤，或是整個伺服器電腦偷走，也無須擔心機密洩漏，因為伺服器電腦的儲存「格式」不同，打開的資料也只是一連串的〇與一的符號而已。如何，這個系統牛吧！也因此，現在全大陸的電腦教室、網路咖啡，幾乎都是採用這個系統。這個恩德，完全要感謝李錦峰博士在一九九八年開放

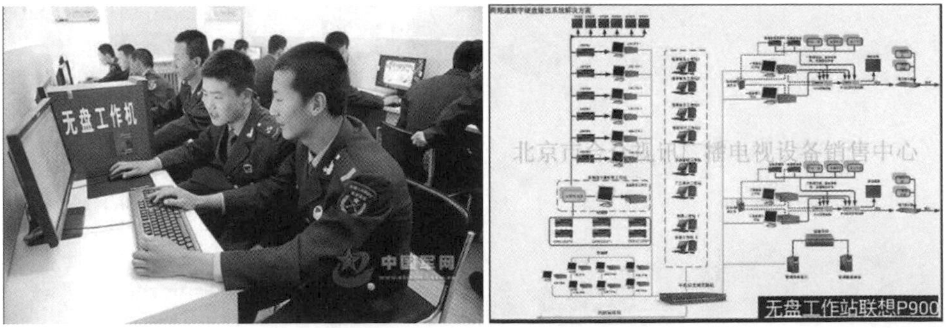

「無硬盤工作站」的使用情形

此系統的原始碼。

成都鵬博士公司，就是採用此系統在全國布建「酒店完美寬帶服務」一炮而紅，也因此逐步併購了北京電信、長城寬帶等，而成為現在前十大網路營運商。

無毒電腦的商業運用還不只於此。二〇〇一年，另一位重要夥伴王祚彥先生，就因「無毒電腦」是最安全的「公共服務電腦」，策畫出數種商業運用模式，不只適用在酒店、教室、證券業、網路遊戲業、企業公司等等，更適用在任何的公共場所，例如全世界的機場、車站、商場等公共區域，也適用於安全等級要求最高的金融用電腦如提款機、銀行辦公用電腦、伺服器主機等，以及現在正在規畫的「公共餐桌」，預計又將掀起一波全球服務業的革命。

運用在企業、公司行號，不但可以設定「工作端」的電腦，哪些可以上網，哪些不行，對於「工作端」電腦的工作內容、瀏覽過那些網頁、資料或時間、次數等等，都可以記錄，乍看之下，好像對於「工作者」太過嚴苛，事實上是協助建立「工作者」的工作態度，對那些每天來辦公室泡茶聊天、坐等薪資的風氣，有正向的作用。

當然，「無毒電腦」若是在家庭使用，不但可以杜絕黃、賭、毒等，對有害成長學子的連結，更可以透過管理的機制有效掌握，控制「工作

成都鵬博士公司
合併長城寬帶等

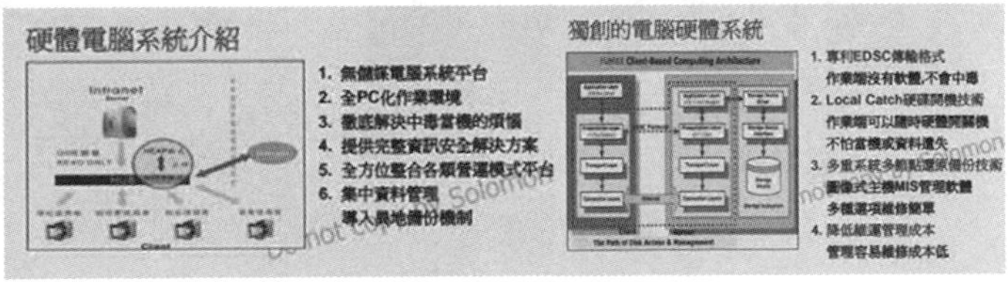

無毒電腦的運作原理簡易圖說

端」何時可以上網與網路連線、何時關閉此功能、何時就無法開機繼續使用了。如此安排可以避免「工作端」電腦的工作者過度的工作，以及有時間好好休息，當然，也可以讓父母更安心地給子女一個安全又放心的電腦加網路環境，讓網路世代的子女能在健康的網路環境下任意遨遊，滋潤茁壯。

當然，由於「無毒電腦」是由伺服器主機電腦提供作業系統及其他所需的軟體，同時也儲存了「工作端」日日累積的「工作成果」的資料，因此這個伺服器主機系統就相當重要了。尤其是在二〇〇一年發生的九一一的攻擊事件，讓位於紐約最重要地標的雙子星摩天大樓崩塌，造成全世界以金融為主的金融業一夕崩盤，而能讓金融業從一夕崩盤的困境中急速復甦的關鍵，就是資料的「異地備份」。從此，企業、機構等在建置電腦網路的時候，都會要求「異地備份」。

而深謀遠慮的「經營者」不只是要求「異地備份」的機制，而是需要更安全的「分散式異地備份」，甚至於是每個「異地備份」的伺服器主機電腦，都有自己特定的儲

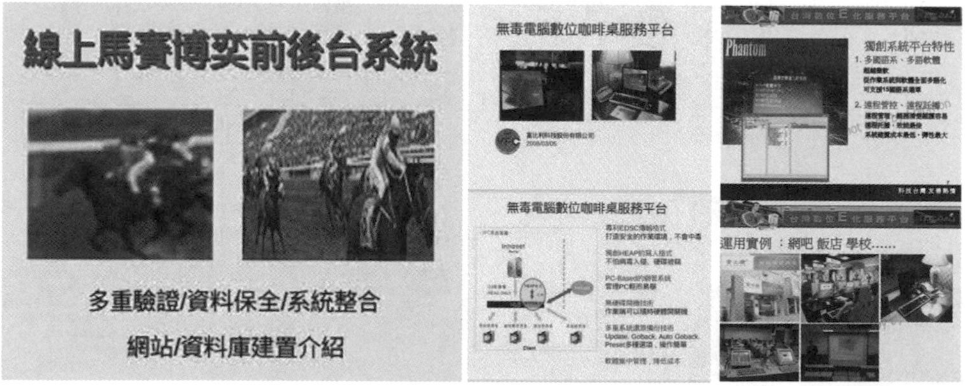

無毒電腦的商業運用

存格式，不但儲備了資料的安全備份，更讓資料外洩的風險有了另一層的保障，而這個安全機制，正是「無毒電腦」眾多的效能之一。

全世界所有的銀行、網路銀行、金融機構等，或是有金流的賭博、遊戲、商務、物流等網站，都會面臨駭客入侵的風險，而真的發生駭客入侵損害時，卻採取默默承受、私下解決的處理方式，那是因為這種事件公布後，不只會造成客戶流失的重大後果，還有可能的擠兌、信用崩盤等等傷害，可能讓相關的機構破產，甚至是結束營業。

「無毒電腦」的機制，如何能預防駭客入侵的狀況出現呢？

首先，它採取主從架構的電腦，主，就是伺服器主機主機，「從」，就是「工作端」。「工作端」可以視為網路端的電腦或是提款機電腦等，當「工作端」因為工作而產生了工作內容、指示等改變資料的指令，此指令要回返到主機端時，除了是單行道式的，自動確認是使用者特有的格式指令外，此指令外還會遭到「查驗」是否為安全指令。再加上，伺服器主機與「工作端」的電腦採「實體隔離」設計，讓所有的「駭客」指令，

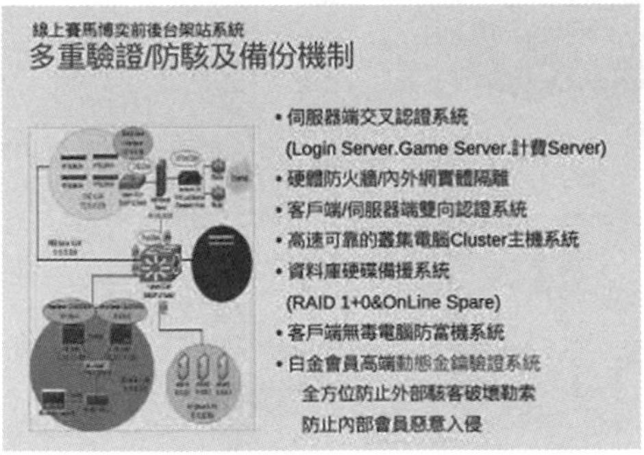

無毒電腦的驗證說明

無毒電腦的商業運用

不但在「工作端」就消除殆盡，更讓被「駭客」入侵的客戶，同步察覺並立即獲得警示，此「駭客」的「工作端」及入侵的電腦等裝置，也會立即被「鎖住」並追蹤，讓所有的「入侵」在第一線就被消滅殆盡，除非「入侵者」是「裡應外合」，或根本就是「內鬼」的高手。當然，「無毒電腦」的機制也會防範到這個狀況的出現，就算是電影《不可能的任務》（Mission Impossible）演出的、直接由全球營運總部的主機操作植入「入侵」程式，也同樣會被《星際大戰》（Star Wars）的「原力（Force）」給化解的。

因此「無毒電腦」的安全機制，也最適合用於「公共服務電腦」，例如全世界的機場、車站、商場等公共區域等。而正在規畫的「公共餐桌」，除了讓服務業跨入提供更多元服務的網路資訊服務外，更要重新思考、規畫加入網路資訊服務的商業模式，以及對結合「公共服務電腦網路」為架構的物聯網、家聯網、醫聯網、金聯網、娛樂聯網、教育聯網、安防聯網等等，可能會產生的變化，並加以因應佈局。

無毒電腦的商業運用

10 酒店營運模式

早在個人電腦普及的時候，就已經有許多眼光獨到的商人，想到可以將電腦置放在酒店、旅館等的客房裡，可以解決許多人旅遊、出差、商務等等不願意帶笨重電腦的旅客，於是就有許多酒店、旅館紛紛在房間裡安裝電腦讓客人使用。此等房間的收費，自然要比一般房間貴些，也取名為「商務房」。這樣的房間很快受到入住者的青睞，尤其是商務出差的，所有入住費用都是由公司支付，選擇貴美金十元、二十元的「商務房」，根本不眨眼睛就決定了。就算是自己帶了筆記型電腦，還是要選擇入住「商務房」，因為「商務房」不但可以在隱密的房間裡任意網遊，要上什麼網站，就上什麼網站，而且反正又不是自己的電腦，壞了、中毒了也沒有關係。就這樣，「商務房」的入住率常常客滿，算得精的酒店、旅館業者每個房間又可以多收美金十元、二十元，有何不好的啊。

就在酒店、旅館業者，紛紛將房間改成加了電腦的「商務房」後，服務生的惡夢開始了，幾乎只要有客人入住「商務房」，客房部就快要發瘋似的想要自殺了。層出不窮的電腦中毒，讓客房

安裝電腦的酒店客房

Thin Client 推波助瀾
e-Hotel 逐漸成形

電腦客房（2006/2/10 電子時報）

部服務生忙到幾乎爆肝，入住的是女客人還好，只要是男客人入住，跑個十趟八趟的還算客氣的。客房的電腦幾乎都是因為連上了某些網站或色情網站，而發生中毒、當機問題，而打電話要服務生立即解決。這不是說男人才上色情網站，而是男客人會因為客房電腦中毒請服務生解決，女客人則不好意思讓服務生知道自己上色情網站，寧可自認倒楣，選擇關機睡覺，所以有很多剛入住的客人一開電腦，電腦就是壞的。

業者想著每個房間可以多收美金十元、二十元，一個月就多收美金三百元、六百元，二十個房間的話，每個月就有美金六千元到一萬二千元的多收入，多好啊！

這個美夢還沒有正式開始營運的時候就破滅了，不但收不到半毛錢，還因為電腦當機、中毒等，要向客人道歉，甚至是給予相當優惠及補償，才得以解決問題。這還不包含因為改造成「商務房」而投資的裝潢費、網路建置費、電腦費等等。

全世界的酒店、旅館等，幾乎再也沒有安裝好電腦房型的「商務房」了，只有一些五星級酒店，為了提供更全面的服務，而準備了筆記型電腦出租給客人，或是一些經營網路的業者，投資包下整個酒店的有線、無線網路工程建置與酒店以拆帳的方式，提供給自備筆記型電腦的客人上網服務，尤其是錢多多的客人所選擇的五星級酒店，幾乎全部都是這樣的。

當然有一些國際電腦大廠，一直在努力創造「酒店上網服務」的硬軟體，不僅僅是以建置客房電腦為目標，甚至是將房間裡的電視系統都設計在一起，像是慧智（Wyse）電腦公司，在二〇〇六年就推出酒店、旅館用的電腦影音系統，並成功的在中國大陸秦皇島的 Holiday Inn 酒店實現，昇陽（Sun Micro）電腦也斥資超過百萬美金打造酒店客房電腦系統，顯示了「酒店客房電腦」的商機是多麼巨大了。

酒店再也不願意在客房裡安裝電腦，原因是當機、中毒的問題，若是這個問題解決了，酒店業者就願意安裝電腦了嗎？要再次重蹈覆轍嗎？又要先投資裝潢、電腦建置的費用嗎？誰可以擔保不會再次血本無歸呢？客服部的同仁說，老闆，您再裝客房電腦我就辭職。

台灣的富比利公司，看準這項可以布建「酒店客房電腦」到全世界酒店的無限商機，策畫了無法讓政府、酒店、旅館業者拒絕的「商業模式」。第一步就是重新建立起酒店、旅館業者的信心，免費無償的提供國際大廠惠普電腦給酒店，並協助酒店、旅館將房間改裝成「商務房」，讓入住的客人使用看看，用實際操作來確認富比利公司提供的「客房電腦」會不會當機、中毒，會不會讓服務生因而多了一丁點的工作，當然也讓酒店、旅館業者測試，在增加了富比利公司提供的「客房電腦」後，營收有沒有增加。

這樣的「商業模式」不但可以協助政府，處心積慮地提升城市的網路建置，為打造城市的e化也貢獻出一份心力，更因為「客房電腦」的開機首頁，可以提供給政府作為各項政令、其他

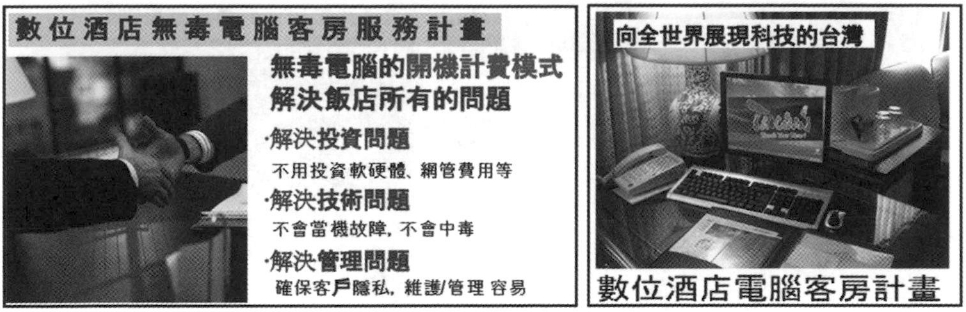

富比利公司布建的酒店客房電腦介紹

公營的網路服務、觀光等旅遊服務、商貿服務等等的宣傳、互聯等，讓入住的國內外旅客一開機，就領受到政府在打造e化城市的領先技術，重點是——不需要政府編預算支付這些費用。

富比利公司就在員工不領薪資、營運幾年也沒有收入的測試中，終於獲得了一些酒店、旅館業者的同意使用，這些業者在測試約一年後，每間有電腦的「商務房」一年可以多賺約美金三千元，簽約五年就多賺美金一萬五千元的淨利，而所有的裝潢、網路建置、硬軟體等的投資，全部由富比利公司負責。不但如此，「客房電腦」也同時協助了這些採用的酒店、旅館業主，提升了客房的電腦網路建置及服務，讓來到台灣入住到有電腦的「商務房」旅客，享受到不會當機、不會中毒的客房電腦。入住的使用者還可以選擇自己的本國語系統來操作使用，英語系選英語系統，德語系選德語系統、西班牙語系選西班牙語系統、日語系選日語系統等等，對提升台灣這個引領全世界電腦技術的科技島，不但名符也更其實。

這項技術及策畫的「商業模式」，對台灣執政者之建置網路化城市有實質的助益，可是當時主管酒店、旅館的主管機關台灣觀光局，卻有不一樣的想法，終於因為幾年營運都虧損，尤其是

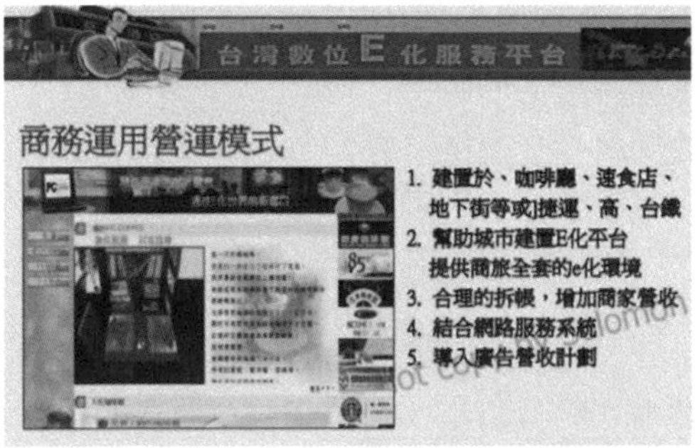

有不同語言作業系統供房客選用

客房電腦多語系操作系統的說明

為了證明「客房電腦」的「商業模式」，而投入了相當資金的壓力下，再加上又沒有後續資金的投入等等因素，最終就在股東間的萬般不捨下結束了營運。

雖然結束了營運，但也證明了這項「技術」所規畫出的多贏「商業模式」，是可行的，除了協助政府建置e化城市、創造酒店旅館更多營收、引領全世界酒店客房電腦的重新啟幕，重點還有：這樣的「商業模式」，不是讓大家來分配建置一台網路電腦組約美金千元的小餅，而是由負責營運的公司，投資這個美金千元的電腦系統，而讓參與的酒店旅館業、政府等等的夥伴們，共同創造出一台超過美金千元、二千元利潤大餅的客房電腦系統組，當然也促使李錦峰博士所創造的「無毒電腦」系統，得以往「公共服務電腦」的領域邁進。更如同他說的「成功不必在我」，成功是「需要大夥一起來的」，就如同全世界在二○一二年的奧運上，向一九九○年代發明全球資訊網路WWW．（World Wide Web）的提姆．約翰．伯納李爵士（Sir Timothy John Berners-Lee）致敬的同時，也同時要向一九七三年代，發明互聯網路協定TCP/IP的創始人，「互

罗伯特·卡恩Robert Elliot Kahn, 现代全球互联网发展史上最著名的科学家之一，TCP/IP协议合作发明者，互联网雏形Arpanet网络系统设计

文特·瑟夫

文特。瑟夫，是20世纪70年代创建互联网的元老之一，1943年6月23日出生于美国洛杉矶。文特·瑟夫现任谷歌公司副总裁兼首席互联网专家。他和罗伯特·卡恩合作设计了TCP/IP协议及互联网的基础体系结构。许多人把瑟夫看作"互联网之父"之一。

蒂姆·伯纳斯·李

蒂莫西·约翰·"蒂姆"·伯纳·李爵士（Tim Berners-Lee），OM，KBE，FRS，FREng，FRSA，（Sir Timothy John "Tim" Berners-Lee，1955年6月8日 - ），英国计算机科学家。他是万维网的发明者，麻省理工学院教授。

WWW.（World Wide Web）的發明人提姆．約翰．伯納．李爵士（Sir Timothy John Berners-Lee），互聯網路協定TCP/IP的創始人「互聯網之父」文頓．瑟夫（Vinton Gray Cerf）博士及羅伯．卡恩（Robert Elliot Kahn）博士

聯網之父」文頓・瑟夫（Vinton Gray Cerf）博士及羅伯・卡恩（Robert Elliot Kahn）博士致敬一樣，不是因為他們發明創造了網路獲得多少利益，而是他們創造了人與人聯繫更緊密的新世紀。

11 顛覆IT產業的革命性技術

現在的電腦、網路相關產業都是往「雲端」的概念發展，所有的資料、軟體運用、工作、計算等等，都儘量讓「雲端」來提供，不但儘可能減少「使用端」（電腦、筆記型電腦、平板電腦、行動裝置）的儲存，工作軟體、程式等也盡量讓「雲端」來提供，更因此而降低消費者買入「使用端」的價格，讓消費者以低廉的價格買入「使用端」，也同時向消費者謀取更多的後續使用「雲端」功能、資源的利益，因此「雲端」的建制也越來越重要。

若是單一「雲端」設備的伺服器，壞了，就會影響到這個「雲端」的功能，因此建置「雲端」伺服器電腦的設計、效能、安全等等，就越來越重要，尤其是因應「雲端」的發展，伺服器電腦的功能也越來越大，功率也越做越大了。

可是自發明電腦以來，就一直有個所有電腦以及行動裝置無法解決的問題，那就是「散熱」。伺服器，也面臨了這個問題，若是此伺服器電腦的散熱故障，有可能會高溫起火燒掉，也可能讓伺服器群所建立的「雲端」都燒掉。「雲端」燒了，

放置伺服器的機房及機房的散熱

經營「雲端」事業的公司就要面對無窮盡的損害賠償，所以才會有集團將「雲端」建置在長年溫度低於攝氏二十五度的山洞裡。

行動裝置，包含行動電話、車用電腦、平板電腦、筆記型電腦等等所面臨的問題之一，也是「散熱」。因為工作量越來越多，像是指滑遊戲一陣子就要讓遊戲裝置休息休息，車用電腦，更會因為溫度升高而當機。

而目前，無論是伺服器電腦或是行動裝置，解決主機板「散熱」的技術，就只有機械式的技術如水導管、熱導管、加裝風扇等，可是幾乎風扇一故障，就必定會當機了。有的熱導管不需要加裝風扇的輔助，可是「散熱」功能也很有限，無法暢快的長時間使用，很多蘋果的 iPhone 愛用者常常指滑遊戲到一半，就要讓 iPhone 休息休息，甚至是吹吹電扇、冷氣。

或許，現在正在發展的一項新科技材料，運用物理原理的特性設計製作，解決「集熱、散熱」的問題，不用風扇，也不用水導管、熱導管等裝置，就可以在工作環境高於攝氏三十五度，讓七百、八百瓦的主機板（Motherbord）與中央處理器（CPU）等，在連續工作一萬小時的溫度，還低於攝氏三十度。這個物理原理的新材料技術，就有機

需要風扇散熱的伺服器

會對抗不只是谷歌了，甚至是蘋果、微軟等世界霸主了。

「集熱、散熱」這個技術，不光是解決了需要用到主機板、晶片組、中央處理器等的任何裝置設備，各種電腦、機器人、醫療器材設備、車用電子、控制監控設備、各種交換機、提款機等等，更有機會翻轉所有需要「散熱或集熱」的產業，例如太陽能發電、集熱、導熱、隔熱等，與散、集熱有關的建材，各種需要散、導熱的晶片、材料等等，尤其是對晶片材料的影響，不但會改變現在的封裝材料、方式、技術，甚至是模組化、一體化主機板的技術。

雖然此「物理式散熱技術」具有帝王之相，可是重點還在「商業模式」要怎麼進行呢？直接生產「物理式散熱技術」的伺服器 Server 電腦，然後賣給所有的國際大廠，就可以高枕無憂的成為全世界最大的伺服器電腦生產、代工工廠了，這個厲害吧！

那手機呢！是否也是依樣畫葫蘆，直接生產「物理式散熱技術」的手機，然後賣給所有的國際大廠，就可以成為全世界最大的手機生產、代工工廠了。那交換機、機器人、提款機、監

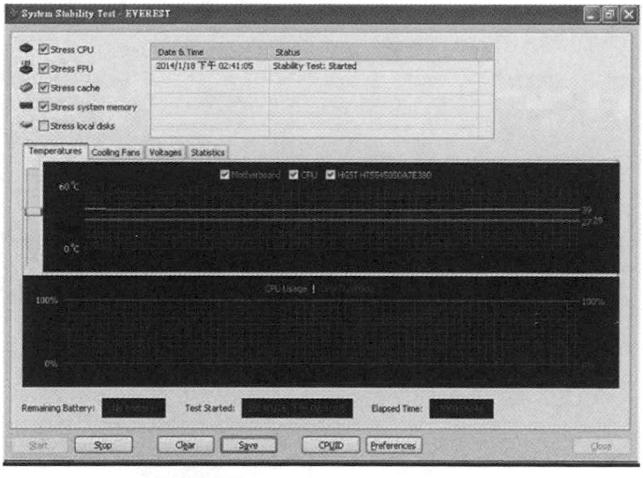

不需要風扇散熱的新散熱技術
測試 10000 小時的測試表
CPU 平均溫度攝氏 27 度
主機板平均溫度攝氏 29 度

控設備、車用電子、其他那些需要「散熱、集熱」的產品、產業呢？

直接生產「物理式散熱技術」的產品，是不是最好的「商業模式」呢？這個模式會不會很快的如同第一個觸控螢幕的行動裝置蘋果 iPhone 一樣，立刻就有山寨的愛瘋 IFON、愛風 AIFON 手機等等，或是連技術都會被挖角成三星的發明了呢！

有了「物理式散熱技術」這個九陰真經，沒有適當的商業布局，最後也只能落得像諾基亞的 Symbian，或是微軟的 Window Mobile、亞馬遜、索尼、韓國樂金、台灣宏達電等推出的三 D 手機一樣，曇花一現而已。

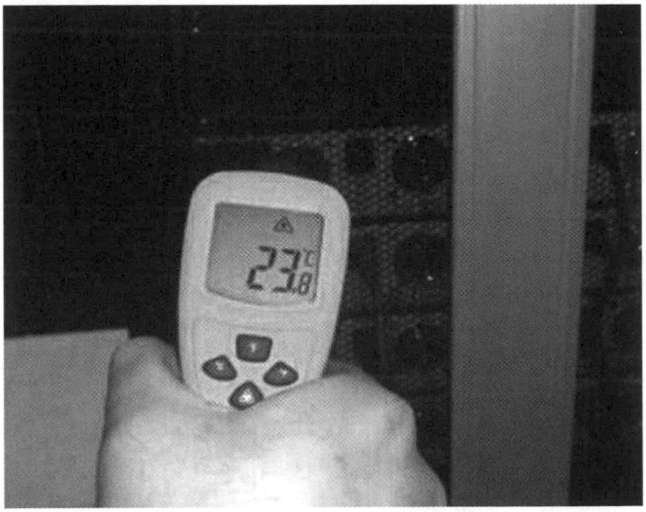

量測機房裡的伺服器溫度

12 全息頻譜

「全息頻譜」，一個猶如空氣一樣隨時環繞在我們身邊，扮演著維護你我守護神的技術，正在如火如荼的進展中。

什麼是「全息頻譜」呢？每個物體都有特有頻譜特性，包括花草植物。每一種不同的花草，都有自己特定的頻譜特性，玫瑰有玫瑰的，百合有百合的，同樣是玫瑰，嬌豔欲滴的玫瑰與奄奄一息的玫瑰，頻譜特性也不同。也就是說，健康的我與生病的我，頻譜也不同，那，如果是得了SARS的我與感染禽流感H5N1感冒的我，頻譜也不同嗎？答案是，的確不同，SARS病毒有SARS病毒的頻譜，禽流感H5N1有H5N1的頻譜。

「全息頻譜」也是以「雲端」的概念來建置的，每一種物種、生物、器官、細胞、細菌、病毒、元素等等，都有自己的特定頻譜，因此將所有的頻譜集合在「雲端」，用「頻譜探測裝置」將測得的頻譜送往「雲端」裡比對，就可以分析出被探測的物體是什麼樣的頻譜。再加以更嚴

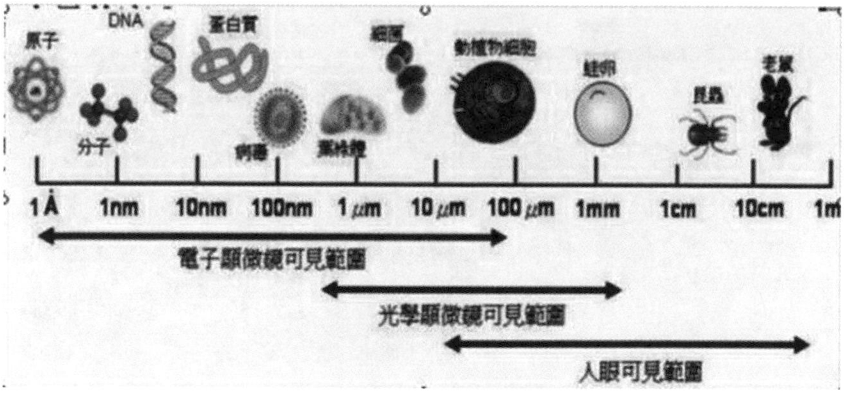

每個物體不同的波長

密的分析比對，我們還可以知道剛剛吃的午餐裡，有沒有塑化劑、地溝油、農藥、反式脂肪、大腸桿菌等等，也同樣可以知道我適合什麼樣的食物，是無醣的、少鹽的、可食療胃潰瘍的，還是清血管的、瘦身減肥的、雄姿煥發的、缺少了什麼營養成分、什麼元素又過多了等等。當然，這個技術不但要建置「雲端」，更要有「頻譜探測裝置」的探測。

「全息頻譜」的影響是非常巨大的，不但與我們的生命、健康等等有切身關係，更對我們所有的衣、食、住、行等等所有接觸到東西都有關，像是居住環境有無陽光、陽光的照射角度、照射的時間、照射的時間長短，所使用的營造材料、裝潢材料等等都有關係，因為所有的物體都有特定的頻譜、特定的波長，當此物體有陽光照射、無陽光照射，或是被陽光照射後，被照物體反射的波長，也與直接被陽光照射的波長不同。有些波長對自然生物、對你我是很好的，像是人約黃昏後的陽光波長，讓你與情人甜蜜幸福，若是如日中天的波長，就會像烤乳豬，讓你我脫了好幾層皮。

被陽光照射的物體或物體本身的材料，也是會有很大的影響。目前還沒有對建築材料的波長有什麼特定限制，只有

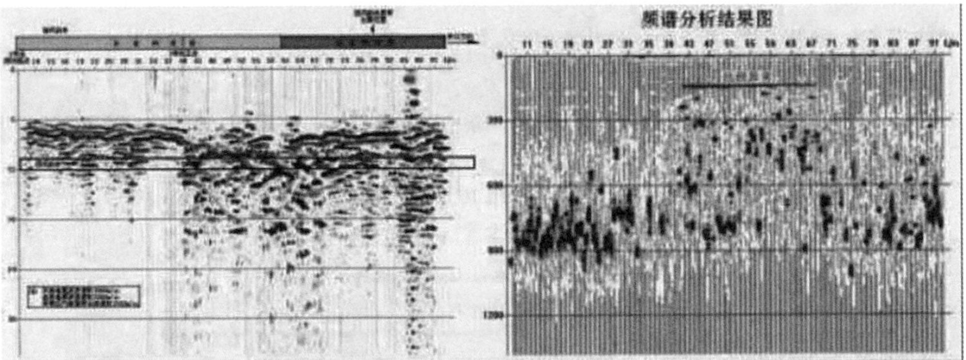

頻譜分析資料

在材料的有無毒性、有無放射線等，加以限制及管控，事實上影響我們的，何止是現在已知的毒性及放射線啊！而且，現在已知的毒性及放射線，僅僅是極為稀少的一部份，就像是近幾年才發現某些塑膠原料會影響到懷孕，甚至導致不孕，那我們住的鋼筋水泥，會不會也造成什麼傷害呢？我們只知道，用鋼筋水泥來種花草，是種不活的，若是用我們古代的建材來種花草，卻可以種得很茂盛，這不是說鋼筋水泥不好，而是說，我們古代是用來自大自然，也能與大自然循環利用的自然材料，來築建我們的居住環境。更別說現代文明所帶來的化學裝潢、居家材料了，牆壁打底的、粉刷的、塗抹的、油漆、黏著劑、壁紙、家具、燈具、燈泡材料、燈泡光線波長、地毯、寢具、廚具、衛浴用品等等，都無時無刻的與我們在交互影響著，有些影響是正面的，像是部分廠商推出的負離子產品，有些影響卻是不好的，像是會

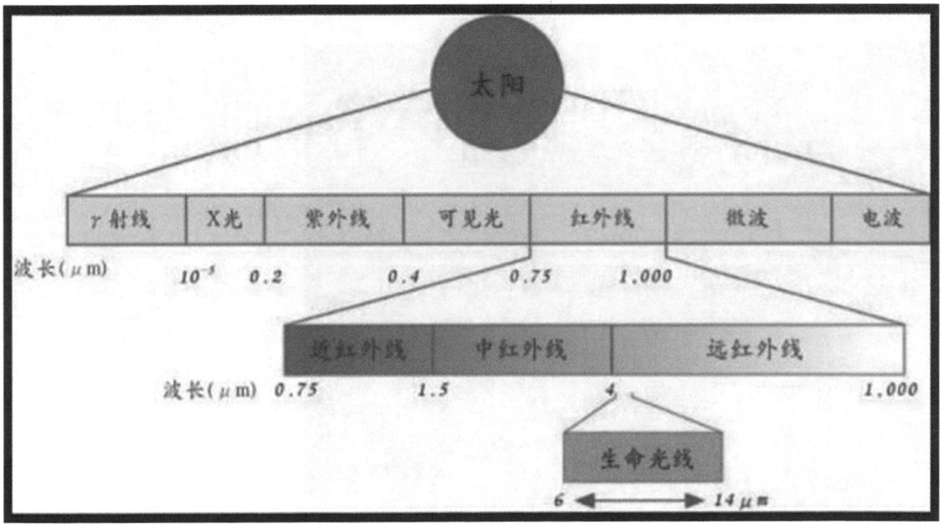

陽光的波長

造成明顯過敏的材料。問題是，我們怎麼知道什麼對我們是好的什麼是不好的呢？

我們居住的環境、材料等，對我們的影響就這麼大了，更何況是其他的衣、食、行等。的確，衣食的影響是更大的，尤其是人類近百年才發明出來的化學工業，讓我們所穿的衣物都需經過所謂的化學工業處理，才會穿在身上，現在想要穿一件百分之百的自然材料、百分之百自然縫製加工等的衣服是奢侈的夢想，就跟現在想要吃百分之百自然材料、自然加工食物一樣，也是奢侈的夢想。更別說在地球上，想要找到一塊沒有被化學入侵的土地，都是很困難的。或許你會說，南極大陸啊！南極大陸還是淨土，孰不知，地球瞬息萬變的氣候變遷，早就將南極大陸布滿了人類的化學空氣、化學雨水了。人類文明的發展，早就在你我身體裡布滿了化學工業所製造的食物了，化學工業不只主宰了人類所有的衣、食、住、行，更以極快的速度在摧毀地球，這還是個無法制止，更無法逆轉的演變。讓人類以百年的近代文明，摧毀地球千萬年的生態，我們人類很厲害吧！

我們處在這樣的環境中，要怎麼生活呢？其實，這個被化學工業塑造的環境，人類還算適應得不錯。人類的病痛減少了，壽命增長了，延續生命

探測土壤

容易了，生活品質提高了，生活範圍擴大了，相互交流增加了，這些相對很好的發展，也是化學工業帶來的。也因此，化學工業才會持續主宰人類的文明前進，而為了要在此環境中，對抗對自己不利的東西，選擇能讓自己更好、更幸福的東西，「全息頻譜」技術就是選項之一了。經由「頻譜探測裝置」的探測，拒絕會傷害自己的東西、選擇對自己最好的東西，正是我們因應文明時代的守護神。

這麼好的產品，要怎麼問世呢？

直接做一個「頻譜探測裝置」推廣銷售，當然是可以的，舉辦產品發表會，徵求各國各地區的代理，就像是衛星定位裝置一樣，發明者握有關鍵技術，申請好全世界的專利，由工廠生產出各種晶片、模組，再由各品牌商決定組成各型各樣的產品，發明者只須躺在家裡數鈔票就好了，這個舒服吧！

或許，再思考思考這個技術的「核心價值」，「頻譜探測裝置」是否就有機會挑戰谷歌呢？別忘了，「神人」賈伯斯挾著 **iPod** 讓蘋果起死回生的規畫，**iTunes** 的搖錢樹邏輯如何向行動電話的霸王、霸后宣戰，諾基亞，可以在手機上加入音樂播放器的功能，我自然也可以做行動電話，就這樣，「神人」賈伯斯所孕育的電話 **iPhone** 誕生了。

「頻譜探測裝置」這個產品是不是也可以這樣規畫呢？

運用每個人都需要的「頻譜探測裝置」的「雲端」結構，來打造一個全新的作業系統「頻卓」，設計自己的智慧型行動電話、裝置等產品，一旦安裝「頻卓」的智慧型行動電話設備，可以如空氣般地隨時保護使用者的健康安全，谷歌的安卓卻無法做到。這是不是很像當時的諾基亞，遇到芬蘭憤怒鳥的「biuuu……」呢！諾基亞因為無法「biuuu……」，而兵敗如山倒，谷歌的安卓無法「頻譜探測」，所以被替換？或許「頻卓」真的有機會與安卓比比腕力，也有獲勝的機會！重點還是，必須要有適當的「商業模式」，別忘了谷歌的安卓商業佈局了幾年，才開始發酵成就霸業的。

13 腦波科技，前世就在你身邊

桌前的小美，全神貫注的注視著放在桌子上的鐵湯匙，不一會兒，鐵湯匙竟然自行彎曲了。所有圍觀的觀眾，無不被震撼得驚呼了起來，報以熱烈的掌聲鼓勵。這個神蹟有很多的名字：腦波、念力、意志力、冥想、關注力等等，其中以「腦波」較為大家所熟習採用。現在已經運用到許多生活上的東西了，像是用來控制電燈、電視、冷氣等的開關，或是調整室內溫度的高低，甚至是指揮小型無人機的飛行等等。這項科技不但會進一步與我們的生活更緊密，更可能帶領人類進入到一個全新的領域裡，或許那時，前世的記憶將如同聲音、影像般的，可以被保存起來，還可以隨時播放。

由十九世紀末，德國的科學家漢斯．伯格（Hans Berger）因為電鰻會發出電流的特性，而鑽研人類是否也有相同的電氣特性，於是在人類的腦中發現了電氣特性的震動，並將捕捉到的震動用圖表來表現，而發現了腦波。接棒的科學家更進一步歸納出人的腦波，大致上可以分為

穿戴腦波運用的裝置

五大類：

一，波長為〇．一至四赫茲的δ波。

主要出現在熟睡時，尤其是深層的熟睡、無意識狀態時，是睡眠補充體力時需要的，也會在冥想、打坐放空時出現，主要應用在睡眠、回復體力的相關領域裡。

二，波長為四至八赫茲的θ波。

主要出現在半夢半醒之間的狀態，是夢境飛翔的世界，是無窮的靈感、創作的發源區，更是宗教界的觀想、放鬆的園地，又有佛陀腦波的稱呼，主要運用在靈感、創作、悟道相關的領域裡。

三，波長為八至十四赫茲的α波。

主要是在清醒時的狀態，靈感、創作得以發揮的領域，不但與身心處於健康狀態有關，更能分泌腦內啡以及控制腦波進入放空的特性，來操控電燈的開關，主要運用於所謂利用腦波（意志力）結合生活用品相關的應用領域。

四，波長為十四至二十五赫茲的貝它β波。

主要是思考時，分析並處理外界訊息進入時的對應狀態，是理性思考、清醒時嶄露行為功能的區塊，主要運用於做事等與行為有關的領域裡，如操控機械義肢進行伸縮、走路等的動作行為。

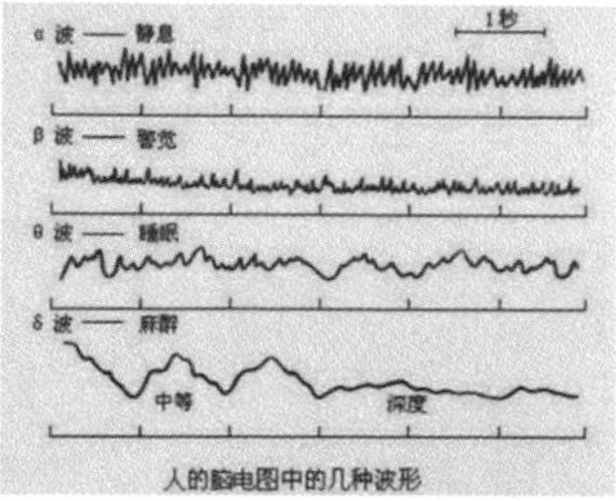

腦波測試圖及在雪地裡的練功者

五，波長為二十五赫茲以上的γ波。

主要是出現成腦波由緩漸漸逐步變強的修練狀態後，也就是修練後的腦波狀態。生活中的一般常人，會在大笑的狀態下不自主地出現。一百赫茲以上的γ波，要在深層修練後才出現，不但可以長時間裸身的坐在雪地裡，更可以將坐著的冰雪暖化。

進入γ波狀態，不但是所有修練者夢想達到的境界，更是又一個顛覆人類科技的新領域，而這個領域不但涵蓋所有的腦波（意志力）科技，更可能會掀開讓湯匙彎曲、隔空取物、無藥而癒、耳朵識字、鼻子識字、皮膚識字等等屬於神蹟的領域裡，而佛教在這個領域有另外的名字——三摩地（Samadhi）、涅槃。

原本宇宙，就是處於「能」的不同交換形式裡，從宇宙起源前的大爆炸，「能」或許就是從虛無的狀態中，漸漸凝聚了足以誕生宇宙大爆炸的「能」，而創造了我們目前的宇宙，也創造出以「不同能量振盪型態」的粒子，而造就了萬物。所有的粒子都有著不同「波」的特性，粒子的運動或粒子與粒子間的作用，也會產生不同形式的「波」，而這些「波」的特性，也就是「能」的表現形式之一。

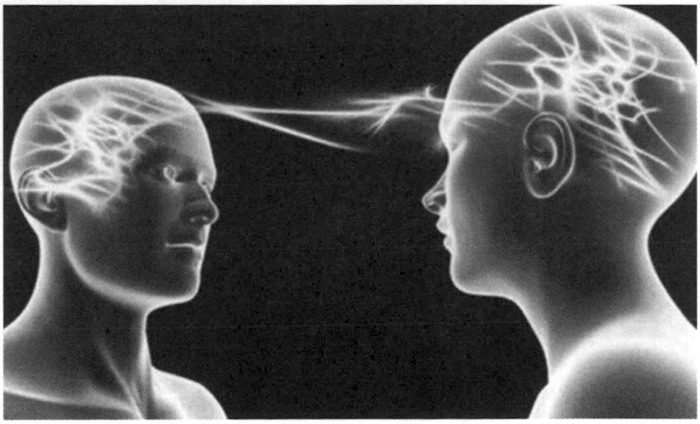
腦波互動示意圖

我們從研發「腦波」的科技中，漸漸觸碰到非一般常人所認知的領域，這個領域又啟蒙了可以量測並記錄的腦波科技，尤其是可以用科學方式來檢驗的過程裡，發現令人匪夷所思的「裸身處冰雪」、「隔空取物」、「讓湯匙彎曲」等狀況，掀開了人類在已知的宇宙中不可思議的一個小章節。而這個不可思議的小章節更有著無窮大的空間，可以讓人類好好的再探索、再研究、再進步個千年、萬年。

腦波，就是「能」的一種形式，與我們已知或尚未知的「能」同源於宇宙的誕生。而這些「能」，是以不同的形態出現在我們的生活中。人類探索構成萬物的粒子，研究粒子「力」的最基本特性時，就發現了基本的「四種力」，重力、強核力、弱力、電磁作用力。而這「四種力」：有著「統一力場」的理論，也就是這四個基本「力」相互轉換的機制，也代表所有不同的「力」，都是從一種「力」演變出來的。而「力」就是「能」的一種表現形式，就像光、電、熱、聲音等等，也都是「能」不同表現的形式。而由研究「腦波」科技所發現的讓湯匙彎曲、隔空取物、無藥而癒等等屬於「神蹟」的領域，也許會掀開人類更多

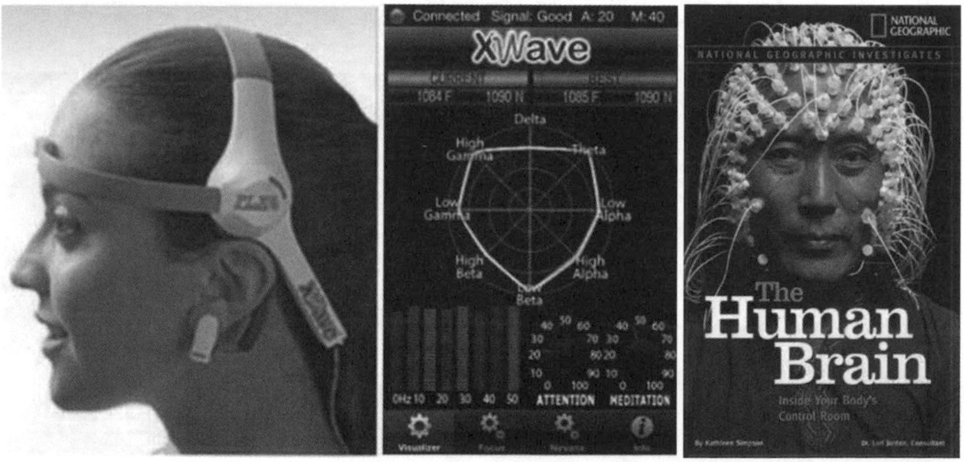

腦波裝置及介紹的文宣

的不可思議，如神、鬼、靈、前世、輪迴等等的秘密。

一九八二年，一個量子力學的神蹟在法國物理學家艾倫・愛斯派克特（Alain Aspect）帶領他的小組成功地完成了一項實驗，證實了微觀粒子之間存在著一種叫作「量子糾纏」（quantum entanglement）的關係。

在量子力學中，兩個有共同來源的粒子之間存在著一種，所有物理定律都無法解釋，甚至是推翻人類已知的知識，就連愛因斯坦（Albert Einstein）都困擾並取名為鬼魅般超距作用（Spooky action at a distance）的糾纏關係。

「量子糾纏」（quantum entanglement），就是有共同來源的兩個粒子，不管它們被分開多遠，對一個粒子擾動，另一個粒子（不管相距多遠）立即就有對應的影響，就算是他們相距百、千、萬億光年，此反應也幾乎是兩個粒子同時發生，此現象不但推翻了愛因斯坦（Albert Einstein）生前發表，任何速度都不可能快過光速的理論，而「量子糾纏」（quantum entanglement）的現象，更比光速要快上百倍、千倍、萬倍。

于100光年范围内
Kepler Search Space
Sagittarius Arm
Sun
Orion Spur
Perseus Arm
100 光年範圍的星雲分布示意圖

「量子糾纏」（quantum entanglement），不但對西方的主流世界觀產生了重大的衝擊，更讓人類已知的所有知識，都要重新檢視，更引領科學家重新審視東方的思想、文化裡的奧秘，東方傳統哲學的世界觀和西方唯物世界觀非常不同，尤其是中國傳統的哲學、科學、醫學等等，都是整體觀，講「天人合一」，量子力學在實驗上也證實宇宙是個不可分割的整體。而在微觀粒子中，就存在著宇宙中的萬事萬物既有物質的一面，同時也有精神的一面。

量子糾纏可能就是微觀粒子具有精神意識的證據。量子力學描述的是微觀粒子物質的一面，另外精神意識的那一面，卻是無法用量子力學描述的。

如果認識到精神意識是物質的一個根本特性，那麼就不難理解人們發現的「水會因為人的精神意識而改變結晶狀態」，例如：對著一杯水說負面語言（髒話），水的結晶就會雜亂無章，如果是說正面的話（如我愛你、阿彌陀佛之類的），水的結晶就會變成很有次序，變得很美麗，而且是對著分開的兩杯水中的其中一杯說，另一杯水不論距離有多遠，也都會產生相同的變化，也因此就不難理解，祈禱對疾病的治療效果，氣功、符咒、念力、冥想，甚至是神、佛、佛法、輪迴、陰陽、靈魂、轉世、風水等東方的萬物皆有靈性的奧秘了，更遑論一九九六年，美國的科學家巴克斯特(Clece Backster)就已經用科學儀器量測出，植物對於慈善與傷害所反應出的兩極效應，就是「巴克斯特

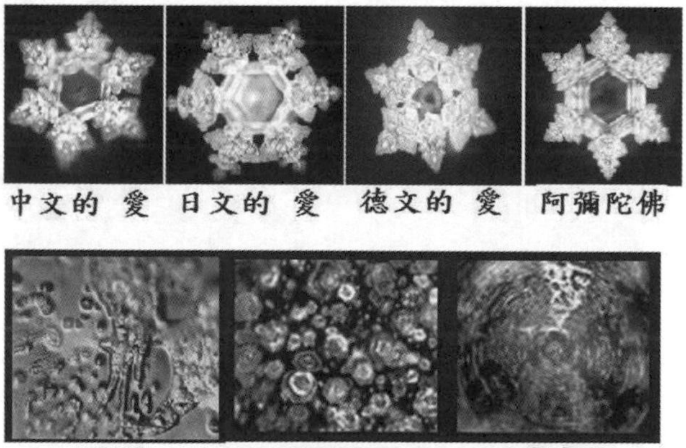
中文的 愛
日文的 愛
德文的 愛
阿彌陀佛
討厭
離別
怨恨

精神意識造成水結晶的變化

效應」的現象了。

在現代生活裡，我們用「攝影機」來捕捉「當時」的影像，並記錄成影片或是電子訊號等，以便將「歷史」保留下來。人卻是利用眼睛、耳朵、鼻子、嘴巴、皮膚、腦子等，紀錄了成長的點點滴滴，以「記憶」儲存並成為「靈魂」的一部分，成長時的喜、善、福、美等等愉悅的紀錄，將永遠在記憶的靈魂裡歡愉的如在天堂，而那些恨、仇、妒、悔等紀錄，也將折磨靈魂永生永世。

我們利用望遠鏡，可以看到遙遠星球的一年前、十年前或是百年前、千年前的影像，完全是由這個星球距離我們多遙遠所決定的，是一光年、二光年還是千光年、萬光年，距離越遙遠，捕捉的影像也就越久遠；換句話說，如果有一個距離我們二〇六〇光年的星球，也拿望遠鏡看我們，就正好看到秦始皇在焚書坑儒。也就是說，從前所發生的事情不斷的被遙遠「星空」捕捉到，「昨日」也就永遠沒有消失，八國聯軍、日本偷襲珍珠港、文化大革命、九一一恐怖事件等將一直出現，也代表我們在活著時所發生的點點滴滴，樂善好施或是作奸犯科，也都會永遠的被捕捉到。做了泯滅良心的事，或許可以躲過今天的審判，卻無法改變發生的事實，只有徹悟，時時刻刻活得

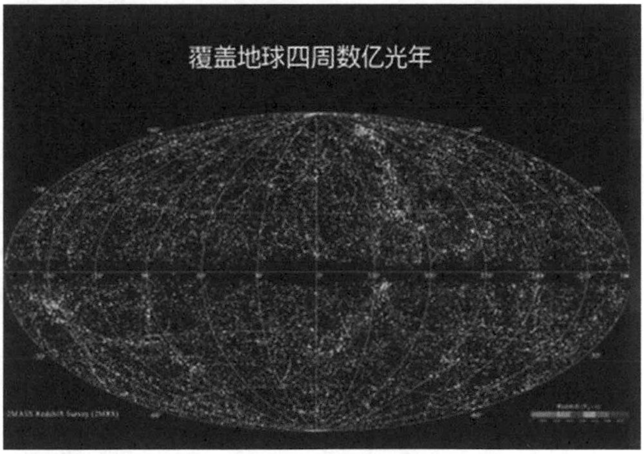

在地球周圍數億光年的星雲分布示意圖

如同在天堂般喜悅，才會獲得生命美滿的善果。更何況未來有一天，人死後「靈魂的記憶」也將會因科技的進步而被保存、重播，我們又何苦要在活著的時候注入泯滅良心的痛苦記憶呢？

了解了「腦波」科技後續的驚人發展，而這項技術的範圍又是如此寬廣，影響性更是極為深遠。探索這項科技的「核心價值」，以逐步從「腦波」領域裡發現的曙光，來深入探索「能」的世界，或可一窺外星人何以能造訪地球的各項科技，更可能明白靈魂是什麼組成的、鬼魂等事件的原因、輪迴轉世的奧秘。

當然更不可忽視的是，如何掌握「能」的「核心價值」發展的技術、商品，並布建適當的「商業模式」，更要洞察此占有先機的「商業模式」的發展性、影響力等等，不僅僅只是發展「運用能」的創新商品，為企業帶來豐厚的獲利，或許適當的商業模式還可以帶領「地球人」與「外太空的朋友」成為好鄰居喔。

14 無儲媒技術、無毒手機

之前提到無毒電腦，是因為「工作端」（行動電話、平板電腦、筆記型電腦、個人電腦等等）沒有儲存軟體的「儲媒」裝置，如硬碟、快閃記憶體等等，包含作業系統等的所有軟體，都是由「雲端」提供，再加上每一個「工作端」的所有工作、儲存內容等等，都以自己獨有的儲存格式，回存到「雲端」，因此不但讓「病毒」無法入侵到「工作端」裡，就算是「雲端」的儲存內容被盜載了，也是一堆「亂碼」的符號，更遑論專門盜取密碼、帳號等等機密的「木馬」、「後門」等程式，要被誤植到「工作端」也是不可能的，因為只要「工作端」關機了，所有外來「軟體程式」會通通被消除，這也是為什麼取名「無毒電腦」的原因。或許針對「行動裝置」市場，要再取個新名字「無毒手機」了。

這個技術，也是每個「電腦族」、「手機族」引頸企盼的。在越來越多「駭客」有心無心的證明自己的功力、技術多麼厲害的互聯網時代，讓自己保有最單純的自我世界，現在看起來是奢望了。而「無毒手機」將會是保衛自我王國的天使，雖然它大有機會挑戰谷歌的安卓，可是仍需要適當的「商業模式」，才有可能號召「神兵神將」共襄盛舉。

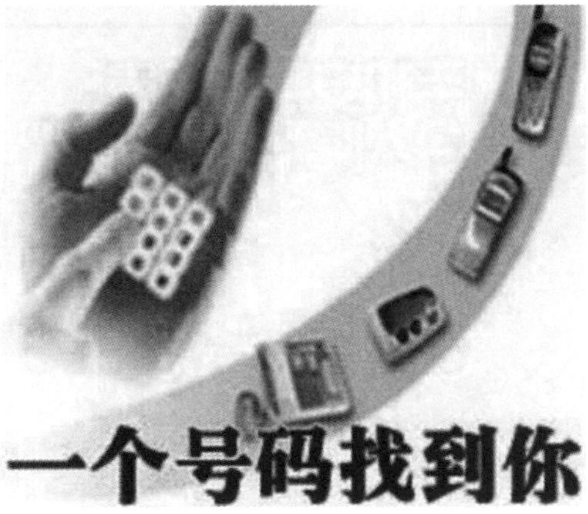

大陸的隨身碼，一號通的文宣。

「無毒手機」，就是每支行動裝置手機，沒有「儲媒」，不會被入侵者植入入侵軟體、程式，所有行動裝置手機的軟體、應用程式等，都是由「雲端」提供，這個「雲端」可以是生產發售行動裝置手機的公司，如台灣的宏達電、韓國的三星、日本的索尼等，或是經營行動電信的公司中國移動、中華電信、美國電信、日本電信（Docomo）等。每一個用戶的行動裝置手機應用程式都會不一樣，每一個用戶的儲存內容也不一樣，重點是每一個用戶的儲存格式也不同，有自己獨有的儲存格式，就算是自己的行動裝置手機遺失了，撿到的人也無法打開裡面的內容，就算內容被打開了，看到的也是一堆亂碼，沒有原始用者的「格式」來啟動，是看不到真實內容的。而經營「雲端」的業者，更不擔心「雲端」被入侵，客戶的資料被盜取，就算真的被盜取了，沒有當事人的格式開啟，也看不到真實內容。更何況還有好幾層的實體隔離、被入侵警告等等的保護，就算是被「內鬼」裡應外合的包夾，也只會引起部分客戶的資料出狀況，而造成一時的不便，客戶儲存在「雲端」的資料是不會遺失的，原因是有「分散式異地備分」的保護。

無毒行動裝置手機，或許是還給現代人隱私的守護者，期待無毒行動裝置手機早一日問世。

智慧手機讓隱私曝光的漫畫

15 「裸眼」三D新世代

亞馬遜、索尼、韓國樂金、台灣宏達電等，都陸續推出了「裸眼」三D手機，其實也代表了國際大廠、世界級的品牌，看好「裸眼」三D將會是下一個顛覆「螢幕」的革命性產品了，自然紛紛要搶占先機，獨霸鰲頭。可是往往事與願違，人算不如天算，沒有一支「裸眼」三D手機在市場上掀起一絲絲的漣漪，全部都是曇花一現，黯然收場。只有大尺寸的三D「螢幕」悄悄占據了一些客廳的牆壁，取代了電視的位置，還大都是「要戴眼鏡」看的三D螢幕電視。

為什麼這個「裸眼」三D技術，至今都沒有獲得消費者的青睞呢？有許多的分析師都提出相當精闢的看法，有的認為是因為「裸眼」三D的影片太少，有的認為「裸眼」三D會讓眼睛很不舒服等等，當然這些都是原因。

早在一九二二年，就已經誕生立體的三D電影了，歷經幾十年的孕育，終於在日夜精進的影視產業領導下，帶領著世界潮流邁向成功的立體三D商業時代。所有的所謂大師級「國際導演」，有哪個不挑戰一下拍攝立體三D電影，尤其是在美國

裸眼3D的發表會

好萊塢推出立體三D電影，《星際大戰》（Star Wars）、《侏儸紀公園》（Jurassic Park）、《變形金剛》（STransformers）、《阿凡達》（Avatar）、《魔戒》（The Load of Ring）、《哈利波特》（Harry James Potter）等等叫好又叫座的電影後，好像不拍攝一部立體三D電影，就不是國際級導演似的。

這波浪潮也讓崛起的中國影視市場，不落人後，一部立體三D的《捉妖記》、《美人魚》電影，不但打破首映票房紀錄，更寫下中國電影有史以來的票房賣座紀錄，更帶動了中國的電影產業，無不往立體三D製作大力邁進，更遑論，帶動了多少立體三D劇院的誕生及相關產品的熱賣。

日系裸眼 3D 螢幕的展示

可是這西方、東方等都造成風潮的立體三D影視市場，怎麼會讓世界級手機大廠推出的立體三D手機個個鎩羽而歸，灰頭土臉呢？

為什麼「神人」賈伯斯，在全球MP3氾濫時，將親生子MAC電腦打入冷宮，全力打造貴族MP3播放器iPod就可以席捲全球市場呢？

這百思不解的謎團，該如何解開呢？是否要回到「裸眼」立體三D手機產品的本質，去深入了解這個產品的「核心價值」以及站在「消費者的立場」抓出能讓消費者想換三D手機衝動的「動力」，就如同芬蘭憤怒鳥的「biuuuu……」，引爆虛擬鍵盤，指滑觸控時代的急速來臨。或許往這樣的邏輯去耕耘憤怒鳥「biuuuu……」的本質，創造出全新的「裸眼」三D手機獨有的應用項目，就有可能如擊垮傳統按鍵式手機的蘋果iPhone一樣，又畫下新一頁的「行動裝置」革命，讓二D手機螢幕的時代走進歷史。

那，「裸眼」三D有沒有這樣讓消費者換二D手機衝動的「東西」呢？

在二〇一〇年台灣的電子展裡，就已經有幾家不同的公司展示出好幾種「殺手級」的「裸眼」立體三D的技術，可是在推廣此技術的布局上，只看到這些廠商都以傳統的商業方式進行說明，就如同發明「透明玻璃投射式電容技術」的觸控螢幕、實現蘋果打造全球瘋迷的iPhone的台灣宸鴻光電一樣，在沒有遇到蘋果時，只能等待時機、等待伯樂、等待下一個蘋果的青睞。

16 如何挑戰谷歌的安卓？

這些看來已經成熟的技術，是有機會挑戰谷歌的安卓，當然也是需要適當的「商業模式」，就如同「全息頻譜」的「頻卓」一樣，來打造一個全新的作業系統「三Ｄ卓」，設計自己的三Ｄ智慧型行動電話、裝置等產品，安裝「三Ｄ卓」的智慧型行動電話及裝置。或許這個讓消費者換二Ｄ手機衝動的「裸眼」三Ｄ裝置，有機會讓現在的二Ｄ作業系統——谷歌的安卓、蘋果的iOS，通通走入歷史喔。

這樣說起來，好像什麼都要自己來，要有「殺手級」的技術或發明，還要有自己的「頻卓」、「三Ｄ卓」，哪有這麼多的資源及本事啊！

用寫的很輕鬆容易，實際執行起來卻困難重重，像海市蜃樓般，是遙不可及的夢想吧！

其實，早就有一些看似已埋入墳場的狠角色，卻是一身好本領，只是一時被巨石鎮壓，正等待

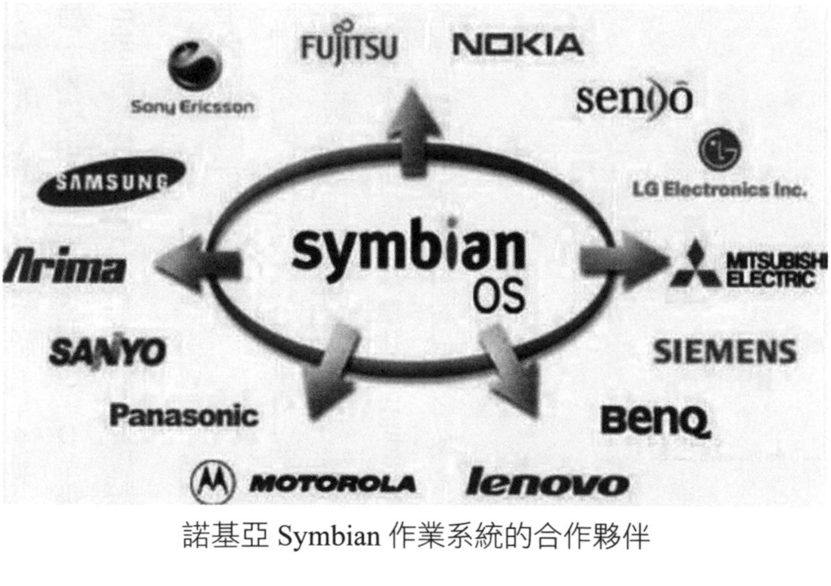

諾基亞 Symbian 作業系統的合作夥伴

往西天取經的唐三藏來解咒出山。這些備齊了本事，等著護送唐三藏，一起飛上青天的齊天大聖們，以諾基亞的 Symbian、微軟的 Window Mobile 為代表，還有惠普的 WebOS、火狐 Firefox OS 等等，這些尚未出世或是目前困坐愁城的狠角色，只因握有它們的公司，還沒有通透到、領悟到、計畫到，該往哪裡去、往哪方面生根、與哪個夥伴結緣、該怎麼布建可以與「谷歌的安卓」、「蘋果的 iOS」一較高下的「商業模式」。

是這些公司沒有人才來規畫嗎？其實哪一家不是人才濟濟啊！或許是這些公司已經放棄了決鬥或是另有打算？要不，就是公司雖然人才濟濟，沒有決策級的高層願意以千萬人吾往矣的態度，來解開壓著齊天大聖的巨石。其實若能精確地確認這些「齊天大聖」的「核心價值」，它們都是可以憑藉自己的好本領打下與「谷歌的安卓」、「蘋果的 iOS」相抗衡的天下，只是這些「齊天大聖」們還沒遇到「唐三藏」。

當然，那些已經成熟的裸眼立體三 D 的「三 D 卓」、全息頻譜的「頻卓」、無儲媒的「無毒手機」等技術，與這些「齊天大聖」們合作，也是一個爭天下的機緣。哪一個領風騷的霸業，不是有絕世高人的加持與提攜，才成就大業的。

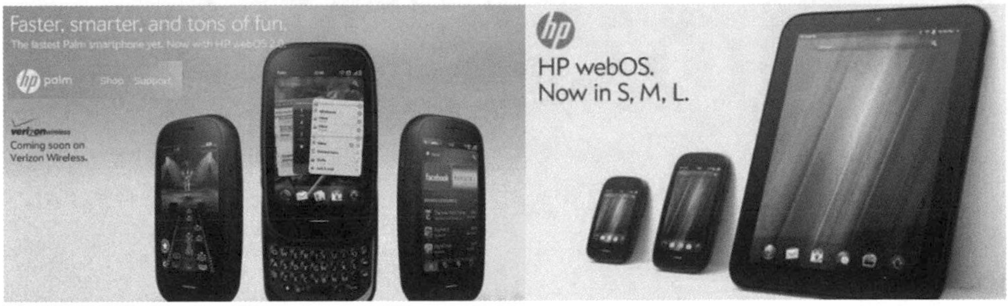

惠普 Hp 的 Web OS 作業系統

微軟與黃氏兄弟的機緣、安卓遇到谷歌的提攜、蘋果洞察MP3的天機又遇到台灣宸鴻的機運，這些都不是偶然，而是技術、產品早已準備好，就等適當的天時、地利、人合的商業模式，就等「唐三藏」的機緣到來，而或許「唐三藏」就是已經準備好的你喔！

火狐 Firefox OS 作業系統

chapter3

「核心價值、商業模式」決定事業高度

1 解決物聯網問題的大商機

說到全世界第一個搜尋網路程式，當然要提到當年在史丹福大學（Stanford University）讀書的美籍台灣人楊致遠因為學習、功課的需要，再加上自己與同學大衛・費勒（David Filo）的興趣，而利用自己的電腦及網路設備所創造出來的。他的初衷極為單純，就是要方便課業上的作業，而將一個原本屬於自己獨家使用的快速網路搜尋程式，公開放置在學校的主機系統上，讓所有史丹福的學生們都可以使用。沒想到這個無私的美意，卻讓史丹福大學的主機及原本就還談不上什麼頻寬的系統大當機，這個大當機，卻創造了現在網路的快速搜尋商機。

這個技術，在還沒有快速搜尋觀念，甚至是網路發展還屬於原始人的時代，就讓每個細胞都靈敏、又有冒險特質的美國投資商人嗅到了大商機，尤其是在電腦科技領域獨到的美國紅杉風險投資公司（Sequoia Capital）加入開發，又得到韓裔日本人孫正義的軟體銀行（Soft Bank）

蘋果個人電腦

等的資金挹注，不但讓網際網路快速的邁向國際化、全球化，也讓網路搜尋的雅虎（YAHOO）王國奠下全球化的基礎，當然也開啟了互聯網，甚而進入到現在的物聯網時代。

除了雅虎，首創全球網路搜尋先鋒的奠基、物聯網的啟蒙，還有於一九九五年由工程師皮爾·歐米迪亞（Pierre Omidyar）所創建全球第一個拍賣網站 eBAY、入門網站網景（Netscape）、微軟 Internet Explorer 等等、提供網路服務並與美國銀行合作率先發行第一個網路信用 VISA 卡的美國線上 A O L（American On Line），及在網路賣書而後成為最大購物網之一的亞馬遜，當然不能漏掉自一九八五年創立公司起，就不採用傳統經銷制度，而直接將電腦銷售到用戶的直銷式商業模式，並於一九九六年建立網路銷售的美國戴爾（Dell）電腦等等。

這些搶得網路購物先機的領航者，立刻遇到一個棘手的問題，就是購買者如何付款。美國線上率先提供的網路信用卡，可以讓買家在網路上付錢，可是買家的問題是：網路上付錢，要輸入信用卡的號碼及機密的個人資料，有可能在輸入時被有心人剽竊、盜刷，怎麼辦呢？

這是所有不願在網路購物的消費者最大的疑慮，自然也是網路購物無法發展的最大原因，加上當時幾乎每天都有讓全球電腦當機的病毒流竄、剽竊個人資料的後門程式及木馬程式的

美國線上公司

入侵等，全球都是以頭條發表駭客、病毒的新聞，是你也不願意冒被盜刷的風險，在網路用信用卡購物吧！

解決問題就是商機，解決大問題就有大商機，如果有一套安全的網路付款機制，讓消費者可以安心的用信用卡在網路上安全購物，沒有資料被剽竊、洩漏等等的風險，這樣的機制可以抽取網路賣家及銀行百分之一到百分之三的手續費，可不賺翻了啊！

於是，這樣的機制誕生了，那就是我們熟習的，由網景（Netscape）創建的網路安全認證 SSL（Secure Socket Layer）以及提供的網路付款 Cybercash，及後由 VISA、MASTER 兩大信用卡公司共同提出的電子安全交易協定 SET（Secure Electronic Transcation）。透過買賣家建立共同管道的 Palpay，以及各種的電子交易工具，讓網路購物、交易有了一個安全交易的環境及機制，也促使網路購物、交易得以突飛猛進。全世界經營網路入口的公司，也競相投入這個將會改變人類傳統交易的網路購物、交易市場裡。可是，每天產生的交易糾紛怎麼辦呢？啊！有交易就會有糾紛，這不是網路業者的問題啦！是買賣雙方的問題啦！要買賣雙方自己去解決？

網景 Netscape 創建的網路安全認證 SSL（Secure Socket Layer）

尚未成為全球經濟大國的中國，當時正好中國改革開放的總設計師、鄧小平總書記的領導下，展開人類史上最大的經濟改革工程，由本是同根生、卻有著一個皮包走遍全世界打拼經驗的台灣生意人率先呼應，開山披棘的做先鋒。很快的，中國就往「世界工廠」的目標前進著，這當下，來自全世界有如過江之鯽的商人，無不湧進到這個剛剛與國際自由貿易世界共同呼吸著相同空氣的大陸工廠。

這時候，一個月薪僅有一六〇人民幣的英語老師，在與前東家理念不合的狀況下，放棄原本的合夥人兼總經理職務，帶領著一群只能用理想充飢的夢想小將們，窩居在杭州西湖邊的老舊小公寓裡，夙夜匪懈的為了打造華人的網路商城而奮鬥著。終於在他們的共同努力下，成就了第一個華人的網路批發、買賣平台。而這網路平台，正好巧遇來自全世界有如過江之鯽的商人需求，讓全中國的生產、批發、製造業等，有了一個可以與國際交流的平台。這就好像是印度神話故事裡的小人物一樣，經由這個網路平台，就可以讓中國的零售、批發、製造、貿易等的商家和全世界所有的商人，都成為發現財富的阿里巴巴（Alibaba），而領導打造這個挖掘財寶的阿里巴巴平台，讓全世界商人、中國的商家和工

改革開放的總設計師 鄧小平

廠等夢想成真的英語老師，就是後來成為中國首富的馬雲。

幾乎所有到大陸採買、貿易等的國際商人，無不用這個平台與中國公司、工廠、貿易商人等聯繫，也讓中國甚至是其他地區的工廠、貿易公司，都競相加入阿里巴巴的平台，沒有加入這個平台的工廠或貿易公司，有可能就會關門歇業。這是生存與否的影響，不但極為重大，更影響到所有的貿易推廣管道，例如外銷雜誌、黃頁雜誌、貿易展示中心、貿易協會等等。

因此更多商人各顯神通的與大陸相關人員緊密往來，以保住既有的商域，開拓更大的商機。就這樣，快速蓬勃的二十年不到，中國就躍身為全世界的工廠。

如果阿里巴巴的馬雲，僅僅想打造一個如同全世界其他的網路交易平台，那他的夢想也算實現了，但是很快的，將會被其他的長江後浪給淹沒。一個能看到未來商機，又會吸納眾多相同特質的夥伴，並能義無反顧的努力往前邁進的領袖，在順境中，會更小心翼翼的邁步前進。像是一手打造蘋果麥金塔電腦的賈伯斯，從沒有因為成功了，錢多了，而沉溺在物質的享受中，反而從全錄公司研發的圖形介面GUI技術，創造了全球第一個圖形介面和獨一無二的麥金塔電腦，蘋果的作業系統OS，也正是由這個機鋒而被賈伯斯創造出來了的，

阿里巴巴

而蘋果公司得以一直領先著全球邁進，正是有這個能看到未來，並能義無反顧的努力往前邁進的領袖賈伯斯。馬雲是不是也有這樣的特質，我們無法加以評判，可是他接下來做的事，卻也有如賈伯斯般的洞察先機。從阿里巴巴的採購、批發平台，馬不停蹄地再創造以網路購物、商城為主的淘寶網、天貓網，為安全交易而創建了第三方付費機制的支付寶、為協助所有的公司集團整理訊息等數據服務的阿里雲、為了讓買賣商品的運送更為迅速、安全、方便而建置的物流系統，及由支付寶延伸出的以消費者立場所創立的螞蟻金融服務等等，就可以看出，馬雲以阿里巴巴網路平台為「核心價值」所擴建的布局，及創建出來的「商業模式」。

全世界第一個具備完整交易的第三方支付安全機制，源起於台灣。當時從事電信相關產品的業者，為解決當時網路購物所產生的買賣糾紛，用每一個人電話號碼都不同的特性，創造了第三方安全交易機制。

在網路購物、交易的市場裡，每天產生的交易糾紛怎麼辦呢？當時的交易糾紛不是網路業者的問題，而是買賣雙方的問題，因此由買賣雙方自己去解決。可是這樣的交易方式，讓網路交易處處充滿了危機，無論是買家或是賣家，都必須面臨到被詐騙或是拒付

打橋牌的鄧小平

款的糾紛裡，不但買賣雙方要提心吊膽，對網路業者提供的服務也抱怨連連，可是能怎麼辦呢？網路購物的業者也只能推出「優良網路商」標章，這種消極又毫無安全機制可言的方法來。

解決問題就是商機，解決大問題就有大商機，這個商機沒有被全世界的網路巨擘和經營者們發現，卻悄悄的在製造全世界最先進電腦的台灣，由經營電信相關產品的業者率先揭幕，並投入實際的運用中。

這是由每個人都有不同的電話號碼所建置的機制，是由虛擬帳號所創造。讓一個具公信力的業者，政府、機關、銀行、金融機構、郵局、電信公司、保險公司等等有公信力的集團，都可以成為第三方支付的交易安全業者，由此虛擬帳號，給予網路賣家一個獨有的代碼。匯入此代碼的款項，會匯入到此具公信力的業者發給的代碼帳戶裡，待確認收貨、確認交易完成後，才由此具公信力的業者所保管的代碼帳戶裡，撥款到網路賣家的帳戶裡，讓此交易經由第三方平台的支付，而達到買賣雙方交易行為的安全。

由於此虛擬帳號機制，是由具公信力的業者提供給網路賣家獨有的代碼，買家經由信用卡或匯款、轉帳時，再輸入自己的電

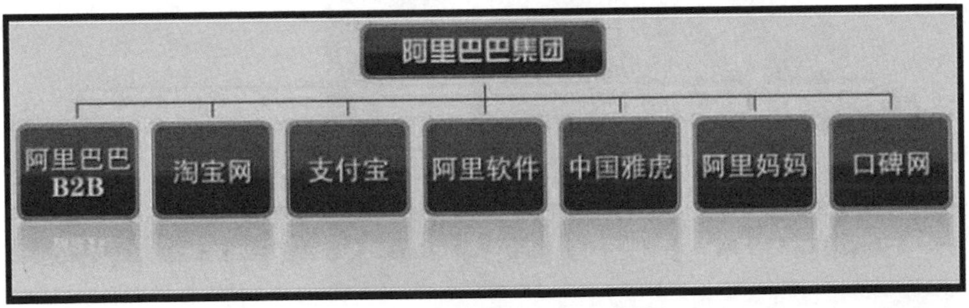

阿里巴巴集團的行業分布圖

話號碼，因此這筆訂單是由哪一位買家下單？賣家要與買家聯繫？確認買家購買的商品等等，都因為有買家獨有的電話號碼而相當的方便。最重要的是，此筆交易的款項先由具公信力的第三方平台業者保管，待確認交易無誤後，才將款項給賣方，避免已付款的買家收到不對的商品而造成糾紛。這樣的第三方付款安全機制，當時提供給台灣的中華郵政商城、新浪網、誠泰銀行等，而率先採用及實際運作，是由台灣清華廣告公司的李俊雄先生及董志謀總經理安排的台灣統一集團楊明井先生，與台灣華南銀行給予的支援。

這個虛擬帳號機制，現在不但還可以運作，全球任何一個具有公信力又能讓消費者信任的單位、政府、公司，團體、機構、組織等，都可以立刻成為「第三方支付平台」的業者，不但立即協助解決安全交易的困境，更讓戮力要突破「第三方支付平台」得先要再由政府立法的網路、金融等業者，立即實現第三方支付平台的安全交易制度，也讓這個由每個人獨有的電話號碼所建置的第三方支付平台重現江湖。這個被雜草、灰燼掩埋的「第三方支付平台」，可以在台灣專利局，二○○二年的「一種匯款及轉帳的規格」裡找到。

第三方支付平台的文宣

想想！每一筆在網路交易的資金，都由經營「第三方支付平台」的業者來處理，不再由淘寶、支付寶一家獨享市場，全球的商機有多大啊？

大陸的支付寶

2 預見未來，絕對不是特異功能

預見未來，絕對不是特異功能，卻一定有對生活、對現狀的不滿足，如同第一代蘋果電腦的發明人史帝夫·渥茲尼克（Steve Wozniak），在蘋果成為全世界霸主的時候，接受記者採訪時說，賈伯斯在第一代的電腦設計上沒有貢獻，因為他當時不懂軟硬體。比爾·蓋茲的MS-DOS，也是源自於西雅圖電腦Seattle Computer的86-DOS、馬雲也不懂程式設計，而他們的共同點是，能預見未來。讓第一代蘋果電腦商業化，以及讓全世界第一台圖形介面電腦問世的是賈伯斯；看到個人電腦起飛並精密佈局的是比爾·蓋茲；第一個實現第三方支付平台，又能夠強勢主導買賣秩序的是馬雲。也因為他們從生活及失敗中不斷的累積，以人性化角度來思考解決問題的能力，而造就了預見未來的能力。

就像老師在教導學生的時候會問說：「這個人很聰明，聰明怎麼來的呢？」，「聰明是教育來的，是學習來的，是讀書來的。」老師又問：「那，精明呢？精明又是怎麼來的？」「精明是算計來的，凡事算計，漸漸的就精明了」。「那智慧呢？

蘋果執行長賈伯斯
就是創造趨勢的
代表人
Windows
比爾蓋茲是最早掌握
個人電腦趨勢的人

賈伯斯與比爾·蓋茲

智慧怎麼來的啊？」「智慧是反省來的，在所有的事物裡、失敗裡、不甘心裡、虛心求教裡，反省出最適當的態度、方法，就是智慧。」

在這個「物聯網」已經主導我們生活的時代裡，尤其是由德國聯邦教育及研究部、聯邦經濟及科技部聯合資助，並創造的第四次工業革命（Fourth industrial revolution），簡稱工業四．○（industry 4.0），正引領著全世界的製造業、生產業、批發、零售通路業等，以電腦化、數據化、智慧化、網路化等的智能型態向新世紀領域大步邁進，雖然這樣的架構還在摸索中，也還有好多待解決的問題，可是工業四．○的領頭羊「互聯網＋」的商機，卻是如沖天火箭般的蓬勃起飛，包含互聯網＋商品、互聯網＋娛樂、互聯網＋教育、互聯網＋醫療、互聯網＋農業、互聯網＋氣象、互聯網＋環境、互聯網＋電器、互聯網＋保全、互聯網＋保險、互聯網＋金融、互聯網＋感情（親、友、愛）、互聯網＋生理需求等等。

順應這個形式而起的各種「雲端」、大數據、應用程式APP（Application）、機上盒等等，都在如火如荼的攻城掠地中。或許每一個墜入到「互聯網＋」商機領域裡的公司、經營者，都想要成為霸主，像蘋果、微軟、谷歌、索尼等國際巨擘的雲電視、機上

魯迅與胡適都重視反省

盒方案，或是各地方性的「有線電視系統（Cable TV）」，或是制定第五代無線通訊協定「五G行動系統」等等，都在搶奪這個大餅。也許又有如同比爾．蓋茲只需在家喝咖啡，視窗Window軟體由廠商安裝在個人電腦上，就由廠商付錢的大暴利「商業模式」再顯靈也不一定。也許有一個以共享資源的觀念所打造的合作模式會拔得頭籌——一個正在中國廈門龍岩的「互聯網＋基地」。

廈門龍岩「互聯網＋基地」的誕生，首先上場的是執全中國三C電子商品市場龍頭的深圳，二十年來以爆炸式的效率發展出獨步全球的深圳模式，無論是什麼樣的三C電子新產品，MP3、MP4、藍光播放器、二D手機、三D手機、平板電腦，裸眼三D屏幕、各型伺服器、交換機、控制設備、監視器、攝製設備、醫療器材等等，深圳模式總是以其驚為天人的姿態立即展現出類似（山寨）的商品，讓全世界各地的慕客買辦，滿心歡喜來到這個由財神當市長的深圳，而大發利市，也造就了神話般的深圳模式。不但有極完整的上下游供應鏈及極快速的研發部隊，更有許多超越原廠的技術讓類似（山寨）產品、技術更勝於原廠，其中的許多技術、設計等，不但被採用，更漸漸成為主流，例如手機的雙卡雙待技術、多焦攝影技術、車用立體攝影技術、裸眼三D技術、家用機器人

機頂盒的圖示及畫面

等。

就是這個深圳模式的基礎，延伸到了廈門龍岩，孕育了新世代的「互聯網＋基地」的誕生。無論是哪一個領域，互聯網＋商品、互聯網＋娛樂、互聯網＋教育、互聯網＋醫療、互聯網＋農業、互聯網＋氣象、互聯網＋環境、互聯網＋電器、互聯網＋保全、互聯網＋保險、互聯網＋金融、互聯網＋感情（親、友、愛）、互聯網＋生理需求等等，都有來自全中國的佼佼者，帶著團隊領頭建造。尤其是居家機器人的研發技術，已經被國家級的好幾個經營居家老年服務領域的機構採用，並以完整的管理、監控、內容及雲端等一條龍的平台，供應給全世界的業者獨立營運。

網路整合及技術、建置上，更以升級的 OTT Over the TOP 平台技術，整合電信網、廣電網、互聯網等三網融合，打造新世代 OTT 平台，提供多方面的多媒體服務。目前正由歐洲的華文電視台為示範中心，展現到全世界。

其他還有與聯通電信共同打造移動的互聯網醫療服務平台，與優拓集團、萬利達集團合作建置的互聯網教育系統，及農業、保全等等其他領域的互聯網平台。

廈門龍岩的「互聯網＋基地」

整合各領域菁英匯集廈門龍岩的「互聯網＋基地」的，就是從廈門啟蒙後深耕深圳二十年，並引領同業以深圳模式供應全世界的賽特（Scitek）集團董事長馬成章，一個以不斷創新研發並能以服務為宗旨的企業家，正在與廈門龍岩的「互聯網＋基地」的夥伴們，往創造「互聯網＋」的新紀元邁進。

解決問題就是商機，解決大問題就有大商機，誰能解決「互聯網」可能造成國家安全、機密洩漏的問題呢？也許正是這個在廈門龍岩崛起的「互聯網＋基地」。

哇靠！這個商機有多大啊……

3 能源的深思

一九八六年四月二十六日，當地時間凌晨一點二十三分四十七秒，幾乎所有人都在睡夢中時，一個影響範圍橫跨歐亞大陸，甚至包含整個歐洲大陸，死亡人數至今已超過三十萬人的地獄式災難，就是發生在前蘇聯烏克蘭的車諾比核電廠（Chernobyl Nuclear Power Plant）的大爆炸。立即死亡的幾萬人或許根本是沒有感覺，也來不及與親人話別，就瞬間死亡了，痛苦的卻是後來因核能輻射而病魔纏身，不但痛不欲生，最後也是因病痛步向死亡的人，要忍受苦痛好多年後才能解脫。

於是科技日新月異的各國、維護地球環保的團體等，開始省思核能對人類是福是災。所有已經、或繼續、或即將要用核能發電的國家，重新以安全為最高原則，再三查驗自己國家的核能電廠，或是即將要建設的核能電廠，不斷的將所有可能發生爆炸的因素，全部再升級加強到絕對不會發生災難的高度。這不但是關係到自己國家人民的浩劫，更會是整個地球生態的大災難。

就在車諾比核能發電廠大爆炸的二十五年後，二〇一一年三月十一日，無論是核能發電設計、預防、維護、演練、救災等等，都是全世界最安全、最用心、最落實的日本福島核電廠（Fukushima Dai-ichi Nuclear Power Station），受到日本宮城縣外海發生九・〇的大地震影響，發生了爐心熔毀爆炸、大量輻射外洩的核災事變。這是全世界公認最注重安全，也最會一再演練後續善後的日本，這回同樣毫無辦法，更在善後的處理應變上，表現荒腔走板。這再次讓人省思，現階段的人類有沒有運用核能的能力及技術呢？更別說，每天產生的核能廢料要讓後續子孫用幾百年來處理。難道我們一定要採用會對人類、對土地、對地球、對萬物等造成如此傷害的核能源嗎？難道沒有其他安全的能源嗎？

現代文明崛起，人類在工業革命後，很早就因為大量使用煤炭而造成污染，從此就不斷的在找尋新能源。後起的石化能源，更造成保護我們的臭氧層被破壞、地球失衡、物種滅絕等等，各種地球、你、我都無法再承擔的傷害。

而能與地球共生共存的所謂無汙染綠色能源，風力、水力、海浪等的發電技術，都還無法滿足人類文明的需求。近幾年大量採用的太陽能發電，也必須先承擔製造太陽能板所付出大量汙染等等極大的代價，人類有沒有更好的綠能源呢？

一九九〇年時代起，全世界有幾個地區，美國的華盛頓州的斯圖爾特島（Stuart Island）、日本北九州等，就已經在推廣一種早就運用在美國和蘇聯太空探測、太空梭等發電設備的燃料電池發電技術，並以示範區的方式建置中。這是一個可以透過水處理產生氫，或是直接以氫氣做為燃料的發電能源，不但已經有谷歌、沃爾瑪（Walmart）、等全球幾百家國際大廠採用，德國寶馬、日本豐田等汽車大廠，也於二〇一五年發表了燃料電池汽車。燃料電池，一個只會產生熱及水的綠色能源，極有機會成為供應現代文明，最重要的能源，不但可以用在住宅、社區等的家庭、公司、大樓等，更可以取代現在供應電量大、區域廣、幾十萬家庭區域用電的發電廠，小到所有的三Ｃ產品供電能源。

我們且拭目，並更感恩的期盼所有的發明家、國際大廠等，可以引領我們快速而全面使用這項與自然共舞的燃料電池，帶領我們進入新能源科技的新世界。

4 電動機車引爆全球的新商業模式

有一天，一位朋友邀我去參觀一個有許多百億規模的集團、公司都加入投資的創新設計電動摩托車公司。這個在全球電動摩托車已經問世十幾年的後起之秀，很有企圖心的開疆闢土，躍馬國際，一定是有獨步全球的設計，才得以讓這些縱橫全球沙場的百億股東們投資支持。

或許採用不會對地球造成傷害的新電池（鋰鐵電池或燃料電池），來設計的新電動摩托車，會取代現在還是以汽油或鉛酸電池為能源的摩托車，成為以後的摩托車主流。但在這之前還是要能夠被消費者認可採用，並要有足以維持營運的規模，才得以站穩市場進而揮軍全球。更何況，已經占有市場的世界名牌摩托車大廠，大陸的三鑫、中能、大運、豪傑、大陽、錢江、三迪、五洋等超過五十家品牌的電動車，日系的光陽（KYMCO）、三陽（SYM）、三葉（YAMAHA）、鈴木（SUZUKI）、川崎（Kawasaki），德國包含寶馬BMW、ABC等，美國哈雷（Harley-Davison）、Motus等，義大利的Vespa、Ducati、Piaggio等，怎麼可能輕易的讓一個名不見經

韓國打造的燃料電池廠

蘋果數據中心的燃料電池廠

傳的新品牌崛起。

然而，諾基亞、摩托羅拉等霸占手機市場十幾年後，遇到蘋果的神人賈伯斯推出 iPhone 及芬蘭的憤怒鳥，也不得不結束了他們的王朝，拱手讓出行動電話世界霸主的寶座，就像有一句老祖宗的話說，「太陽底下沒有永遠的國王」，或許有一個「商業模式」，可以如神人賈伯斯策畫的 iPod 一樣，讓一顆名不見經傳的小種子，在傑克的栽種下，從一片參天大樹群中，長成連接天國的魔樹也不一定喔。

全世界的摩托車，大概就是兩種外型，一是國際重型摩托車大賽所用的「跨坐式」車型，一個是以義大利 Vespa 所原創，後被所有電動車等採用的「前空式」車型。可是無論怎麼設計改變，這幾十年來還是以推出大同小異的新款來刺激買氣。所有的銷售模式，也都大同小異，只有在中國崛起、用鉛酸電池的電動摩托車出現時，有一些只需充電，不用再去加油站加油的不一樣推廣方式出台，而出現了新品牌各領其風騷的較量，可還是脫離不了傳統的推廣銷售方式：一部摩托車賣多少錢，電池賣多少錢，招牌由摩托車公司補貼給經銷商等。

網路崛起後，世界已進入到物物聯網的「互聯網＋」的新

甲醇燃料电池原理
CO_2/H_2O
燃料
(甲醇)
水
燃料
处理
模块
99.999%
H_2
燃料
电池
模块
电
空气
燃料电池城市客车
FUEL CELL CITY BUS

大陸的巴士使用燃料電池及說明圖

世代，或許這正是一個絕佳的機會，可以構思新世代的「互聯網+摩托車」，策畫一種完全創新的「商業模式」。或許有可能，讓有機會成為主流的鋰鐵或燃料電池的新世代電動摩托車，成為全世界新世代摩托車的霸主也不一定。

要如何策畫這個有機會成為主流的新世代的摩托車，當然要深入探索這個新世代摩托車的「核心價值」。

新世代摩托車是一台摩托車嗎？僅僅只是一台交通工具嗎？世界已進入到物物聯網的「互聯網+」的新世代了，或許新世代的摩托車的「核心價值」，就在「互聯網+摩托車」的概念。絕不能以一台交通工具來思考新世代摩托車的「核心價值」，或許可以用超越一台交通工具的高度，來設計包含安全、竊盜、使用方式、走過的路、誰使用過、如何保養維修、如何進化等等的功能，尤其是與異業的合作上，如保險業、治安業、旅遊業、旅遊區、觀光業、運動業、運動用品業、各種消費商家、連鎖業、文創業、影視業、族群業、網路社交業、流行商品業，各種團體、國外等等的各種合作，都可能交會出相當多的商機。或許也會是如同賈伯斯打造蘋果的 iTunes 平台，會打造出創新的「互聯網+摩托車」平台，

35cm鐵製黑色哈雷機車 HS186
哈雷的「跨坐式」車型

1965年意大利VESPA摩托车
Vespa 原創的「前空式」車型

也不一定。

物物聯網的互聯網+新世代裡，越來越要求產品更換檢修的簡易化，甚至是全部以模組化來設計。或許新世代的摩托車，也可以如同蘋果的 iPhone 一樣，採取只換新、免修理的策略，讓所有經銷摩托車的經銷商，都如同是汽車保養廠的服務中心，客人在舒適現代化的接待中心，享用免費的點心、咖啡、紅茶等飲料，等著摩托車線上的師傅，花不到十分鐘的更換電池、零件、配件服務，順便想著這台騎出去，又會讓其他騎摩托車的騎士、路邊行人再次的側目，享受大家向自己行注目禮的氛圍，就像是在星巴克使用蘋果的筆記型電腦，會讓人覺得這個人有不同氣質一樣。

這樣的規畫，不但讓所有摩托車的經銷商提升到了新的檔次，不再是大家所認定的黑手業，而是服務業了。而新的經銷服務模式，還有著做得越久收入越多的前景，讓現有以黑手、修理為主的經銷商銳變，經由仔細的策畫、恰當的佈局，就有機會造成僧多粥少的形勢，讓想要銳變成服務業的經銷商紛紛爭取加入的競爭，不但讓換電池的服務佈局可以順利達成，更在整體完善的經銷制度中，成為新世代電動摩托車的經銷商，

新世代的機車保養廠示意圖

如同開星巴克咖啡店，是讓人可以羨慕的行業喔！

新世代的電動摩托車，經由更深入的規畫，已經不是在賣摩托車了，它是在賣世代、賣流行、賣每個人可以貼近實現的夢。一個新世代電動摩托車的經銷商，也不僅僅是經銷服務商，而是可以有自我體系的大家長，不但是新世代電動摩托車所有車主的守護神，更是區域領導者。

經由各個經銷商、經銷體系差異化的規畫，讓這個經銷商有著獨有的體系、標識系統、而這個差異化，更讓所有新世代電動摩托車的車主，擁有的不只是一台電動摩托車，而是一台可以珍藏、可以傳世的「寶貝」，不只是陪著車主度過多少個寒暑，而是有著與車主在這幾個寒暑走來所有的軌跡及故事，就像在星巴克買的咖啡杯，有著與主人的舌尖共度的難忘時光一樣。

或許這個創新的「商業模式」，根本不是用買賣的方式來推廣新世代電動摩托車，而是以極低門檻就能獲得屬於自己的這台「寶貝」，在與「寶貝」的日子裡所付出的點點滴滴，不但可以讓新世代電動摩托車的營運商，有超過傳統買賣方式的營運收入，更能讓每個車主來灌溉自己與「寶貝」——與這台新世代電動摩托車，共同寫下的獨有故事。

新世代電動摩托車還有好長的創新研發之路要走，創新的「商業模式」除了要先站穩市場，順利開展全球的布局，重要的是，必須持續的投入在創新研發上，就如同吉利、舒適刮鬍刀一樣，一直要推出耳目一新的新機種，尤其是在生電、充電、環保等的技術上不斷進步。可預期的就是，先由鋰鐵與燃料電池的領域再進化，也許加水就可以經由處理水而產生氫氣，供給燃料電池產生電，儲存在蓄電池裡，再供應給電動電力能源，或是引進、或研發車輪轉動時也可以發電的技術，或是馳騁的風吹。行駛間的擺動等，摩托車就可以產生電的技術，甚至是機殼經由陽光或是風觸，也可以產生電等等的創新技術，也都是可以期待並實現的。這些創新的研發及技術，還不只可以用在摩托車、汽車，甚至是所有的發電運用上。

我們相信在神人賈伯斯的啟發，吉利和舒適刮鬍刀創新的引領下，一定有機會打造這個新世代電動摩托車的全球營運新商業模式。我們只有一個地球，懷抱一定要與這個地球雙贏共存的前提下，新商業模式將會逐步實現的。

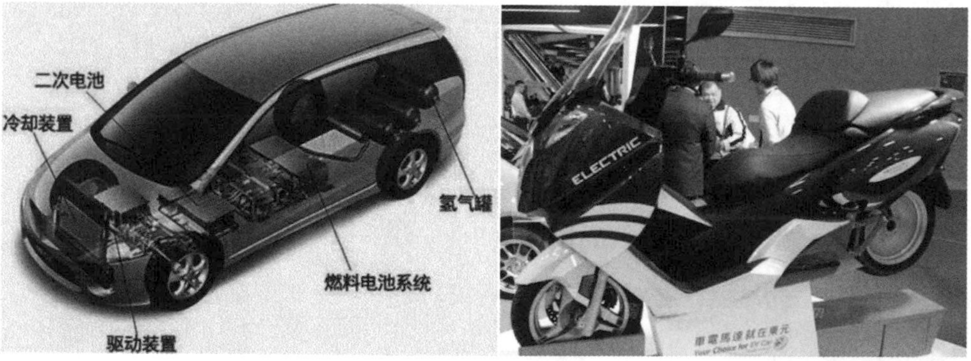

電動車的解說圖

5 人造血小板帶給人類的貢獻

正在開刀房等著二次輸血的小寶，終於有同血型的家人血液可以輸給了，可是突然聽到醫師說，有可能會輸入無效，小寶及小寶的家人又驚訝又擔心的問：同一家人的血液，怎麼可能會輸入無效呢？

這是全世界所有需要輸血的病人，都會遇到的狀況。輸血，是有可能輸入無效的，就算是同血型，即便是同一家人的血，都有可能會輸入無效。第一次還好，第二次以上的輸血，輸入無效的比例卻是很高的。

自有外科手術以來，輸血領域一直到現在，都存在醫學界無法克服又無奈的問題，除了血液有分O、B、A、AB等血型之外，還有隱性因子、細菌感染、保存輸送、不明抗體、取得困難，何時輸入，輸入無效、輸入過失等等的問題。儘管有這麼多的問題，輸血還是醫療領域裡，不但必要更是最重要的一項。

需要輸血的狀況很多，目前全部都應用在發生需要輸

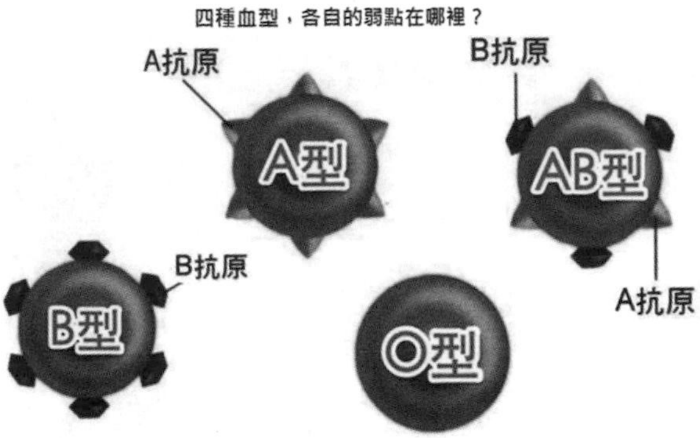
四種血型，各自的弱點在哪裡？
A抗原
B抗原
A型
AB型
B抗原
A抗原
B型
O型

人的血型及抗原說明

血的情形時，才在病人或家屬簽屬了輸血的同意書後進行。而就算簽了同意書，若是輸了血，還是沒有解決問題，醫院或醫師有可能面對病人或家屬的控告，你看！這個輸血領域多麼的令醫院、醫師、病患擔心啊！

如果有一個，不用管血型、隱性因子、細菌感染、保存輸送、不明抗體、不管輸幾次都不會輸入無效的「人造血小板」問市，那有多好！

如此一來，不但可以大量生產製造，還可以立即讓那些需要輸血的病患獲得救助，甚至在還沒有開刀或是化療前，就先輸入「人造血小板」，以預防開刀失血，或是血小板不足的狀況出現。

還有在車禍的時候，讓到場救護車的醫療人員，立即做輸入「人造血小板」的急救，以避免送往醫院救治的時間過長，而耽誤了急救。即時輸入「人造血小板」止血，可以延長急救的時間，更好的是，因為「人造血小板」可以加入「鐵」的同位素，讓急救的醫師經由急救器材診斷後，立即找到出血的位置，進行止血的醫療行為，對現行的醫療方式做出相當大的提升與改善。

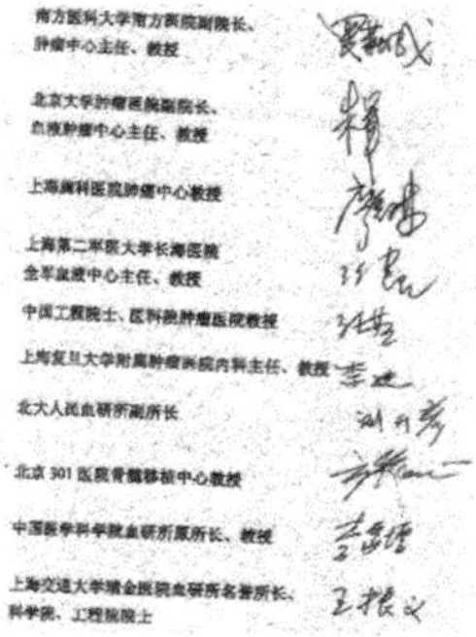
南方医科大学南方医院副院长、肿瘤中心主任、教授
北京大学肿瘤医院副院长、血液肿瘤中心主任、教授
上海胸科医院肿瘤中心教授
上海第二军医大学长海医院全军血液中心主任、教授
中国工程院士、医科院肿瘤医院教授
上海复旦大学附属肿瘤医院内科主任、教授
北大人民血研所副所长
北京 301 医院骨髓移植中心教授
中国医学科学院血研所原所长、教授
上海交通大学瑞金医院血研所名誉所长、科学院、工程院院士

大陸的院士等的聯名信

国家药品监督管理局
新药临床研究申请批件

大陸藥監局的批文

大陸的李家增教授

更別說開刀手術的滲血（Bleeding）狀況，因為無法找到出血位置，而延誤了救治。

這樣的「人造血小板」也可望降低醫院、醫師、病患之間的糾紛。醫師不需要顧忌是否給予輸血醫療，病患也不用擔心血型、隱性因子、細菌感染、不明抗體、輸入無效等的疑慮，甚至還會考慮，是否在手術前或是化療前，先做預防性的「人造血小板」輸入醫療。

「人造血小板」的問世，不但是對醫療救助有極大的改善，因為可以大量生產製造、保存期限長達二、三年，所以不會有血庫存量不足的問題，對現有以捐血為主要來源的狀況，有極大的改善及提升。唯一的遺憾是，有可能因此而讓全世界再也沒有捐血車了，傷心的是那些發願要捐贈捐血車的善心人士了。啊！讓他們直接捐「人造血小板」，哇！這是誰提議的，頒發給你諾貝爾和平獎喔！

以上的介紹，已經由二十年的研發、測試、實驗，並完成人體的三期臨床實驗，目前正在準備上市救人。可是，要怎麼推廣銷售呢？自己設個廠，生產製造供應全世界，這一定會成為全世界最大的生技醫療公司之一，會有如雨下的鈔票傾洩而

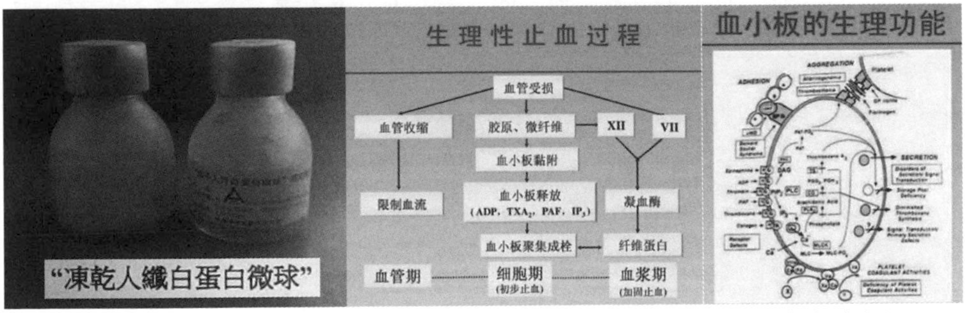

獲得大陸藥監局定名通過的「人造血小板」產品及血小板的止血說明

來，更何況製造「人造血小板」的成本，比現在捐血的成本還低，這利潤又會造就出新的洛克斐勒（John Davison Rockefeller）、亨利．福特（Henry Ford）、比爾．蓋茲、王健琳了。

這樣的商業模式是最好的嗎？有沒有更好的模式呢？

人類自從經歷了海上貿易、侵略無罪的霸權交易之後，以英、美等為首的資本主義國家，百年來領導著人類發展現代經濟社會，讓一切都向錢看齊。弱肉強食的生存方法，是唯一捍衛自己的最好本事，所有的價值都以金錢來衡量，無論是親情、愛情、友情、人權、自由、平等、博愛等的普世價值，都不及有錢來得重要，尤其為維護統治領域的利益，大肆侵害、奪取非統治領域的資源、利益等，也覺得理所當然。或許以金錢掛帥的現實主義來規畫「人造血小板」的商業模式，是最賺錢的，可是也千萬別忽略了「人造血小板」的核心價值。此產品有著極為重要功能，不但能救人，還能讓現在的醫療體制明顯大躍進，若是此產品也如微軟視窗或蘋果的iPhone等，以金錢帝國的邏輯所架構的商業模式來規畫，時時計較利潤的多寡、經營者的掌控度、股價的漲跌、後續相同產品的後來居上等等，這種種現實的條件，迫使「人造血小板」漸漸喪失問世救人的核心價值，同時也抹滅了發明「人造血小板」的團隊帶給人類的貢獻價值。

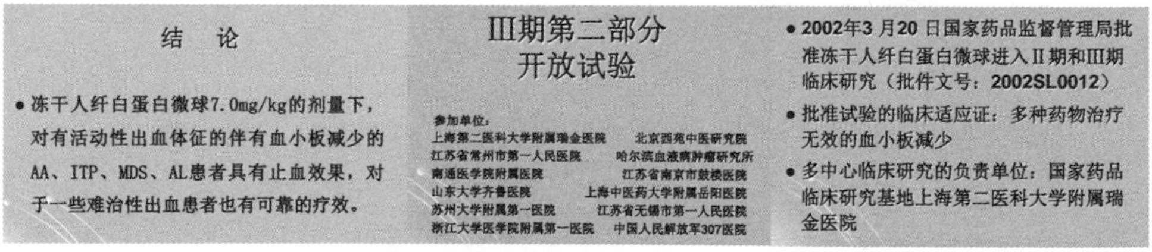

給大陸藥監局的簡報資料

要成就「偉大」，是多麼不容易的事情啊！不光是天時、地利、人和等，起心動念的想法或許更影響一項產品的「偉大」程度。

「人造血小板」，這個有機會成為人類有史以來最有貢獻的「發明」，若是只著眼在金錢的利益上，是否可惜了呢？難道沒有可以匹配「人造血小板」問世救人的「核心價值」之「商業模式」嗎？答案是，當然有，重點是要先對「人造血小板」的「核心價值」很明確。提出者必須讓共創的每個人對「核心價值」的認知相同，不但要相同，還要讓，所有有幸參與的起始團隊起始人接受，若是有人不接受，還要滿足他的退場條件。若是無法獲得共識，要讓「人造血小板」問世救人，就遙遙無期了。

這些狀況，其實也存在於其他任何行業的合夥經營團隊裡，因此一個有決定性的權力，讓「對公司、對人類、對自己最有意義的商業模式」出世，才是決定一項「商品」的貢獻度、影響性等的關鍵，而不是這個「商品」有多麼偉大、多麼的不可一世。

我們遙想那些偉大的前輩愛因斯坦、愛迪生、史懷哲、孔子、孫中山等，啟示我們以「無我奉獻」的「普世價值」所表現的風骨時，也期盼如同「人造血小板」這樣的「商品」可以帶

United Nations
全世界所有的藥品，都是商品
聯合國規定唯一不可買賣的藥品是
血液
一種沒有血型限制的人造血小板
即將問世救人

「人造血小板」簡報資料的封面

領我們倘佯在「世界和平」的氛圍下。

有這樣的認知，規畫「人造血小板」的「商業模式」，就不是以創造最大的「商業利益」為主要模式來架構了，而是以「立即可以問世救人」來規畫。要能立即問世救人，當然先要通過「人體三期的臨床實驗」，然後在繼續進行「人體四期臨床實驗」的同時，立即在完備並通過國際認證的藥廠生產，送往世界各地救人。在此同時，也以無償的方式，授權給每一個國家所舉薦的藥廠，將生產製造的技術無償移轉給這些藥廠，由自己的國家藥廠生產製造後，救自己國家的同胞。因為是以無償的方式轉移技術、生產等，因此所遇到的阻力也相對最小，或有可能立即受到某些國家的全力邀請，尤其是那些急需「人造血小板」的人口大國印度、印尼等。

還有，並不是所有的國家都有能力自己生產製造「人造血小板」，這時候由「全球人造血小板」的總部負責供應，務必讓全世界的每一個國家，都可以無缺乏的保有「人造血小板」的穩定來源。

這樣規畫的「商業模式」，不但可以快速供給到世界各地去救人，而且在無償的技術移轉下，讓每個國家沒有生產製造的門檻而快速問世。至於這些生產製造「人造血小板」的藥廠，因為生產供

大陸及台灣的捐血宣導資料

應到醫院、診所等醫療機構，而獲得相當大的商業利益，因此所有獲得商業利益的藥廠，也需支付一定百分比的利益，給「全球人造血小板」總公司，讓總公司有更充裕的資金再投入到持續不斷的研發裡，同時也捐給聯合國組織，讓聯合國組織有源源不斷的「人造血小板」供應給所有需要的地方，像是洪水、地震、颱風、瘟疫、愛滋病、核傷害等地區。

這樣的「商業模式」是不是較為符合「世界和平」的氛圍，就請大家評判了。這樣的「商業模式」應該不會有藥廠要山寨了吧！正在研發「人造血小板」的單位也許可以再思考出新的「商業模式」，只要是對人類、對萬物、對地球等有幫助的，都是值得鼓勵並支持的，不是嗎？

千萬不要忽視這樣的「商業模式」反而能獲得更多，而且是超過利益的回報喔。也或許有更好的「商業模式」及衍生的正向效益，例如捐給聯合國組織以及時救人的「模式」，可以與「國際紅十字會」接軌。還有，或許在聯合國組織的支持下，「全

紅十字會的起源及大陸的紅十字會

球人造血小板」的大家庭可以捐贈更多的資源，給那些有需要的單位。

啊！就在筆者擱筆的時候，接到「人造血小板」對延緩老化、外用傷口運用等效益的新資訊，可能要等下次，再跟大家分享了。

6 助耕

中國宋朝的時候，在杭州任職的大文豪蘇東坡，有一日經過一個雨天賣扇子的攤位時，得悉以賣扇子維生、供養父母子女的小販，因連續的雨天，一把扇子都賣不出去，還欠了債，生活陷入困境。蘇東坡請人將小販的扇子帶來，親自在扇子上寫字、畫畫，再交還給小販，不一會兒，所有的扇子都賣出去，解決了小販的困境。

英國的羅伯特‧貝登堡爵士（Robert SS. BandenPowell），在南 非梅富根城戰役的時候，組織訓練當地的青少年擔任傳令、看護、偵查、運輸等工作，不但協助戰役獲勝，並在回英國後組織青少年，以野外生活的訓練方式，培養他們成為健康快樂、樂於助人的公民，誕生了全世界第一個童子軍。

美國的出版家威廉‧包爾斯（William Boyce）於一九〇八年的冬天，在英國因大雪迷路而焦急萬分。路旁的一個青少年親自帶領他回到了住處，又拒絕了他的酬勞說：「先生，童子軍就是應該要幫助別人。」因而造就了美國童子軍的誕生。

人類的生活中，相互幫助的美事一直在發生，而許多經營

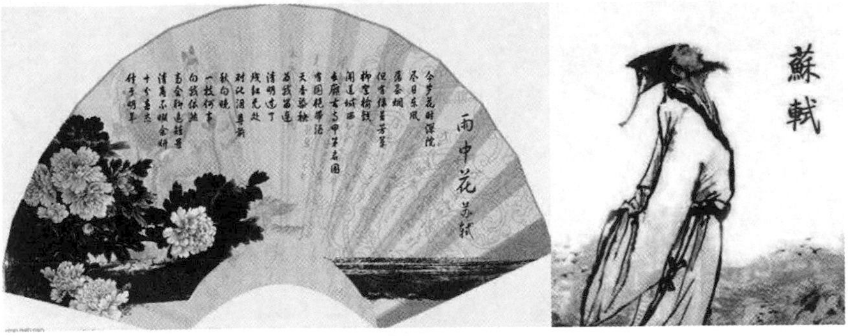

蘇東坡畫像及扇畫

績效相當良好的私人集團、公司、企業機構等，也組織了各種的慈善、公益基金會，來幫助需要幫助的人，其中最有名的就是聯合國組織下的紅十字會。

無論是紅十字會、慈善團體、基金會等，都需要經由國家、政府或是企業撥出經費，還是發動社會捐助等，來維持運作。若是國家財政困難，企業營收下降，都會影響到這些公益慈善團體的運作或是計畫的推動，甚至會有營私舞弊，或是企業為了節稅、財務安排等營私的目地而設立的情事發生。

有沒有一個不需要國家、政府、企業等撥經費或補助、或發動社會捐助，而以經營公益事業為宗旨、憑藉自己的「商業模式」就足以支持其「助人為快樂之本」的助人事業呢？

「助耕」，就是在這樣的信念下所策畫，以公益為宗旨的「社會企業」，幫助那些願意耕耘的人、家庭、朋友、企業、團體等，而不耕耘或是不想耕耘的、想不勞而獲的，就不是「助耕」幫助的對象了。

「助耕」，是集合願意回饋社會的知名人士、志工朋友，以大家的力量一起共襄盛舉，以實際的「助耕」行動，來協

中國童子軍

美國童子軍

助那些「助耕」的對象，集合大家回饋社會的「助耕」信念，策畫一個可以用「商業模式」來創造營收，將營收的利益回饋到推展各種公益項目的事業。

台灣、大陸以及全世界各地，每年都有很多果農、花農、耕農等等不同的農夫，辛苦耕作的農作物因為遭遇災害收成銳減，或是產量過剩、價格被盤商剝削等等因素，而血本無歸，甚至是寧願讓農作物腐爛在田裡，而免去又再損失收割的成本。

這些狀況不只發生在農業，有多少從事漁業、養殖、牧業等的工作者，也有同樣的遭遇。還有多少具有夢想的影視工作者，要賣車子、賣房子，只為完成一部可能沒有票房的影片；有多少有理想、有才藝的藝文工作者，無法在舞蹈、戲曲、戲劇、文創、音樂、表演等繼續投入，只因為必須先溫飽生活；有多少為實踐夢想而投入自創事業的青年，因為無法優化產品、無法展開通路、後續資金不足、被債務逼迫等等因素，而放棄有可為的事業；有多少願意工作就業的失業者，一直苦無就業工作的機會，尤其是在社會底層的單親、失怙失恃、文盲或學歷低的族群，因為找工作很困難而陷入困境。

助人為快樂之本

「助耕」就是在這樣的理念下，不但協助社會人士，也包含學生等各行各業的朋友。「助耕」

是由還在學的學生及社會各界人士共組的團體，尤其是充滿理想、活力的學生族群，挹注「助耕」充滿活力又生生不息的青春動力。

「助耕」是一個助人為樂的組織，因此成為「助耕」志工的教育及養成，都需要嚴格的規範，尤其注重品德教育及人生態度、工作態度等的養成。因此想要成為「助耕志工」的一份子，都必須先參加「助耕志工」的培育及養成。在學的學生加入「助耕志工」的工作，除了要適合自己的個性外，也安排符合在學的志願及興趣，達到在「學以致用」的連貫性。「助耕志工」是有收入的，因此對在學的學生，不但是學習，同時也有實質助益。而畢業的「助耕志工」，也有畢業即就業的連貫性，對已經在社會營生的朋友，更可以有一個符合自己的才識、適合自己個性、生活無虞的工作，對降低失業率有一定的助益。

這樣感覺起來，好像是很有理想的事業，要如何建置並落實這樣的公益事業呢？

「助耕」又是做什麼樣的「助耕」工作呢？

「助耕」就是在需要的地方「協助耕耘」，無論是協助從事農業的農民、漁業和牧業的朋友等，或是所有需要推廣的旅遊、觀光、地方特色、地方產品等項目，或是影視、音樂、藝文、體育、娛樂等相關產業等等，只要是與生活有關的衣、食、

大陸協助耕作的照片

住、行、娛樂、教育等行業，還是地方的特產、旅遊、景點、遊樂區、活動、故事紀錄、發表等，或是縣、市、鄉、鎮、區等需要包裝、代言、推廣等的事物等等，只要需要協助的，都是「助耕」的範圍。「助耕」就是集合大家的力量，一起共襄盛舉，一起推廣、一起「助耕」。

「助耕」邀請願意回饋社會的知名人士，組織成為「助耕大使」，以實際的助耕行動來回饋社會，幫助需要幫助的地區、團體與產業。同時「助耕」也協助了「助耕大使」，讓「助耕大使」以實際行動來回饋社會的夢想及義行成真。這些社會知名人士在功成名就、獲得社會的掌聲及光環時，也都希望能夠回饋社會。因此「助耕」在助耕的同時，也協助了這些「助耕大使」，讓他們的夢想實現，讓他們的義行變成永恆。

大陸協助耕作的照片

「助耕」也補強了目前公益團體推廣困難的區塊，包含資金、代言人、通路、公益項目的規畫及受母體公司營運好壞的影響等。

「助耕」同時協助所有贊助者，落實投入公益的贊助義行，贊助的公益類別包羅萬象，有宗教、黨派、慈善、救濟等等，或是以基金會的方式，或以隱姓埋名的方式默默行善，當然也獲得被贊助者的收據及感謝狀。

無論是以隱姓埋名的方式默默行善者，或是願意公開贊助義行的善行家，「助耕」會讓每一次的贊助善行等都以「傳世品」烙印起來，轉化成有價格、有價值、不但保值更會增值的「傳世品」來保存及傳世，一方面可以讓後世子孫隨時緬懷先輩們的贊助義行，更可以讓贊助的「助耕」義行，轉化為永恆的紀念。

要如何落實「助耕」的工作呢？在這個「互聯網＋」的世代，當然要運用這個無遠弗屆的孫悟空啊，建置「助耕網站平台」，除了提供「助耕」的項目、內容等訊息、最新活動、商品及商品內容，更包含「助耕大使」、「助耕志工」的點點滴滴等。

建立包含策畫、製作、推廣等的工作群，落實「助耕」項目的聯絡、製作、產出、推廣等。工作的內容也包含以影片、報導等模式，記錄各個鄉、鎮、區最值得紀錄、報導或宣傳推廣的事物，落實「助耕大使」、「助耕志工」到每一個鄉、鎮、區的「助耕」工作。

建立「助耕志工網」，以管理「助耕志工」的相關工作為主，同時也是「助耕志工」的各個組織推廣、聯繫、記錄等的平台，並提供加入、培育、養成、教育、輔導「助耕志工」等的相關事宜。

「助耕」是從需要「助耕」的項目、商品等的源頭，就開始「助耕」了，無論是農產品的耕種、漁牧業的養殖、藝文影視的製作、觀光旅遊業等的收成、商品化、商品包裝、推廣行銷等等，全部以一條龍的方式來規畫。有專業的人士協助「助耕」項目的產出、包裝等所有事宜，還有知名「助耕大使」的參與、加持，自己的「助耕網路平台」與「助耕志工」及與其他機構、團體、組織等，共同來推廣。

「助耕」在實質效益上，不但能幫助推廣優質健康的娛樂、活動、商品等，並且以商業經營的方式來落實做公益的事業。

「助耕」的通路，也是以商業經營的觀念來建置營運，不但自給自足，更要不斷擴大「助耕公益」的深度、廣度，以永續的「助耕公益」做為所有「助耕」朋友一生的志業。

「助耕」事業有強烈區域性、城市性的服務特質，再加上網路服務的無遠弗屆，因此「助耕」事業可以在不同區域、城市等來複製的，實現示範區域的績效後，就可以如同麥當勞、星巴克等全球複製的方式，讓「助耕」生根全世界。

「助耕」也是一個品牌，我們的吃、喝、玩、樂等與生活有關的項目，「助耕」都可以產出「助耕牌」的產品，而你在消費的時候，也同時就是在做公益。有可能從早上用的牙膏、牙刷，吃的營養品、維他命，喝的礦泉水、咖啡，去玩的旅遊行程、住的酒店，看的電影、舞台劇，聽的音樂、音樂會，買的手機、電

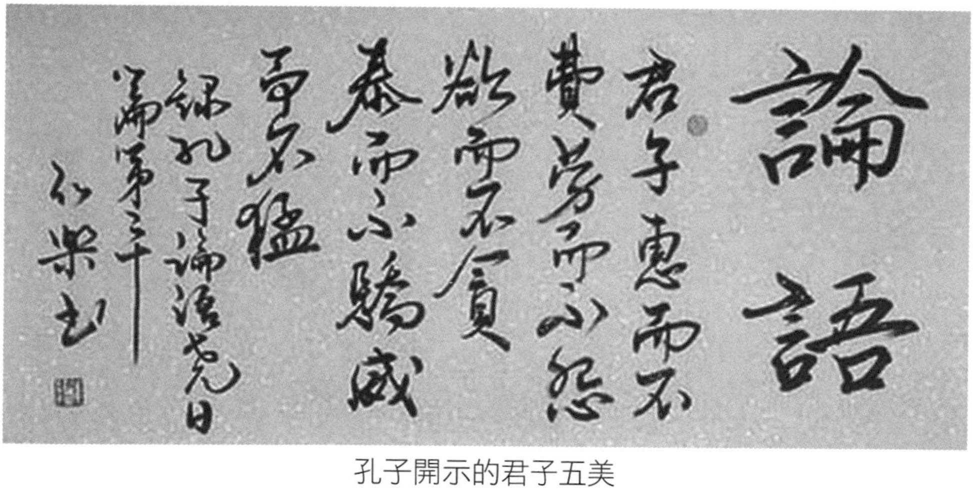

孔子開示的君子五美

視、車、房、保險，一直到晚上睡的床等等，都會有「助耕」的品牌喔。

「助耕」，是由願意回饋社會的朋友所組織而成的團體，是以實際的「助耕」行動，來回饋社會、幫助需要幫助的地區、團體、事業。

「助耕」是以「助人為快樂之本」的宗旨，來落實對這塊土地、這個家園及同胞的關懷及付出，以源源不斷的「助耕」成果，讓我們的社會充滿躍動力，讓人人在希望中成長，在圓夢中生活，在感恩、惜福與尊重的環境裡揮灑生命。

7 地球人的頻道

在這個天涯若比鄰的世界裡，幾乎地球上所有角落的事物，都可以快速傳遞到我們面前，尤其是透過越來越精進的電子通訊技術，影音、傳播等的設備讓我們在自己家裡，就可以了解並看到遠在十萬八千里以外的事物，這也讓居住在地球彼端的人有一個認識的好管道了。

而這也讓觀察家創建了「得以快速認識彼此」的新商業領域，不但得到極高的肯定，更獲得了無遠弗屆的成果，這就是目前被全世界影音媒體一致接受，並對人類了解彼此有大貢獻的「國家地理頻道」（National Geographic Channel，簡稱 NGC）。

這是由《美國國家地理雜誌》的老闆——美國國家地理學會（National Geographic Society）這個誕生於一八八八年的非營利組織，與美國福斯娛樂集團（FOX Entertainment Group）於一九九七年合組而成的公司，是一個經由頻道、網路播放，介紹全世界每個地區的自然生態、歷史、文化、旅遊、歷史、搜奇、科學、技術、環保、音樂等的營利事業。

美國國家地理學會

對人類這樣有貢獻的商機和商業模式，又是如何創建的呢？這個起源要追溯到一八八八年美國國家地理學會這個非營利組織的成立，以及於同年誕生發行的官方雜誌《國家地理雜誌》（National Geographic Magazine）。從它的背景，或能一窺這個對人類做出重要的貢獻機緣是如何產生的。

我們說的地理學，中國說的風水、堪輿學，就是研究地球表面的景物。

地理學的誕生，來自人類對居住環境的種種產生了好奇而加以研究，從觀察、摸索、累積、整理、歸納、驗證、修正等等反覆確認，並讓這樣的探究有一個具象的表述，用科學的方式、工具加以探究、量測、歸納、描繪、紀錄等積累，造就了地理學。

曾是文明最進步的希臘，繪製出公認的第一張世界地圖（阿納克希曼德所繪），而後陸續有了第一個指出地球是球體的巴門尼克和畢達哥斯拉。雖然阿納克撒哥拉認定地球是平的，可是也不會抹滅他用日晷的變化，論證了地球是球體的事實。還有、第一個繪製出經緯線系統的西帕洽斯等等。

中國的風水勘輿，相傳是由「九天玄女」所創始的，主要用於選擇建築宅地的校查，包括地裡位置、地形、地利狀況，岩石、樹

阿那克萨哥拉（Anaxagoras，前488年 - 前428年）是古希腊哲学家。
CLASOM·PHIL·ANAXAGORAS
阿那克萨戈拉

阿納克撒哥拉
Anaxagoras

喜帕恰斯（ ιππαρχος，Hipparkhos, 約前190年 - 前120年），或譯希帕求斯、伊巴谷 、希帕克，古希臘的天文學家，被稱為「方位天文學之父」。

西帕洽斯
Hipparkhos

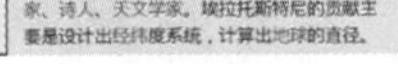
埃拉托斯特尼
埃拉托斯特尼（希腊语Ερατοσθένης，Eratosthenes，又译"厄拉多塞、埃拉托色尼，公元前276年出生于昔兰尼，即现利比亚的夏哈特；公元前194年逝世于托勒密王朝的亚历山大港），希腊数学家、地理学家、历史学家、诗人、天文学家。埃拉托斯特尼的贡献主要是设计出经纬度系统，计算出地球的直径。

埃拉托斯特尼
Eratosthenes

希腊数学家毕达哥拉斯
希腊数学家毕达哥拉斯出生于公元前560年在萨摩斯岛(今希腊东部的小岛)出生，是古希腊哲学家、数学家、天文学家。
中文名 毕达哥拉斯
外文名 Pythagoras

畢達哥斯拉
Gythagoras

木、水流等地材的品項，風、光、水、氣候等的影響，春、夏、秋、冬等的變化，建築方向、方位、大小、尺寸等的算計，當然還有此宅地與天地運行、陰陽變化、生命輪迴、因果報應等等的影響等。而這些發展軌跡，要從中國的風水書籍、周易、山海經、皇帝宅經等古書裡窺探，禹貢、地員紀錄了當時九州的海洋、河川、山脈、湖澤等自然分界的地形地貌，漢書地理誌、兆域圖，三國時期的水經、水經注，史記的大宛列傳，漢書的西域傳，紀錄僧人法顯旅行到中亞、印度、南亞的法顯傳，唐僧玄奘大師的大唐西域記，耶律楚材遊中亞的西遊錄，汪大淵遊印度、亞非的島夷誌略及鄭和七下西洋的航海圖、西洋番國誌、星槎勝覽、瀛涯勝覽等，對中國及周遭各區域的海洋、島嶼、河川、水文，氣候、山形、湖泊、文物、地理、風俗等等，都有繪圖、文字等明確的描繪與記載。

明代中期以後，更以實際的研究考察而大步跨進，代表人物有，徐霞客、顧炎武、孫蘭、劉獻庭等，也開啟了與西方地理學相應研究的大門。

之後更有陸續來中國的西方人士做出貢獻，利瑪竇的坤輿萬國全圖、兩儀玄覽圖，艾儒略的收錄世界總圖、各大洲分布圖的職外方紀，南懷仁紀錄了包含澳洲的世界各大洲的坤輿圖說，及康熙任

法顯西行路線

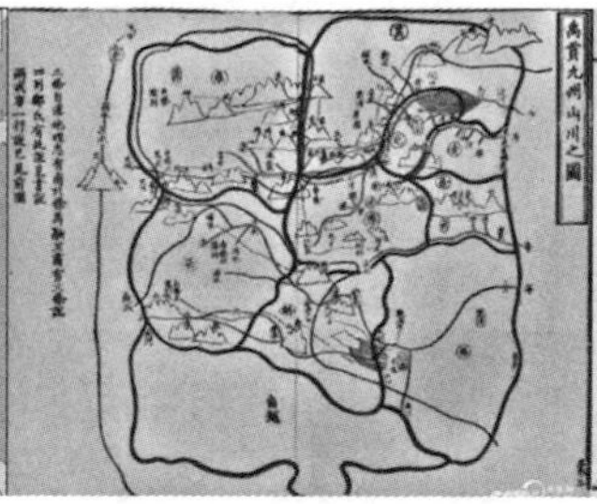

禹貢九州山川圖

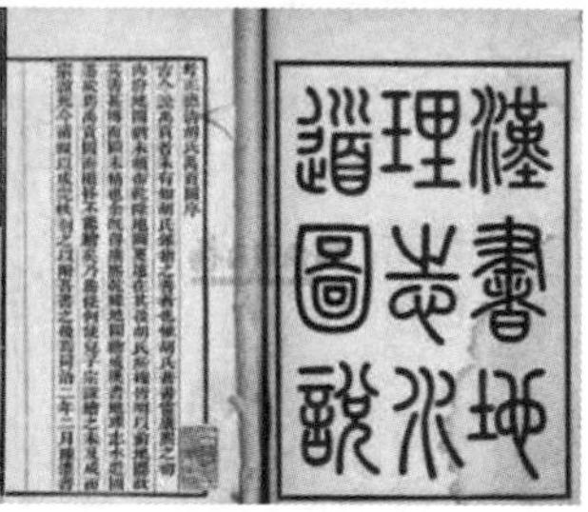
漢書地理誌

命白晉、杜德美、雷孝思等人完成的皇輿全覽圖，乾隆命蔣友仁完成的乾隆內府輿圖、坤輿全圖等等。之後，有中國近代地理學之父張相文於光緒年，創辦了中國地理學會及編撰的初等地理教課書、地文學，及與白雅雨等人在一九〇九年創辦了中國地學會，也就是中國地理學會的前身，並於一九一〇年出版了地學雜誌，算是能與西方的地理齊頭並進，各顯風騷了。

如此中、西兩大主流的交會與影響，讓我們對這個共同居住的地球，有了更全面性的認識，不只是讓當時國強家大的海上霸權，以侵略的方式橫跨了各大洲，也對國際間的交流，貢獻了最為重要的基礎，因此加速了來自不同文明的知識、技術、文化等等的淬鍊，而讓人類得以向現代化邁進。

何以一個一百多年的美國國家地理學會，這個非營利組織，所主導的國家地理雜誌，及而後結合的私人營利組職美國福斯娛樂集團，所成立的「國家地理頻道」，會被全世界的國家、所有的影音媒

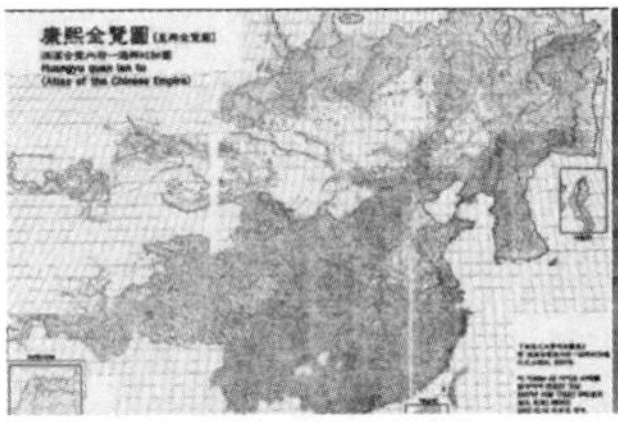
康熙全覽圖

天下全輿總圖

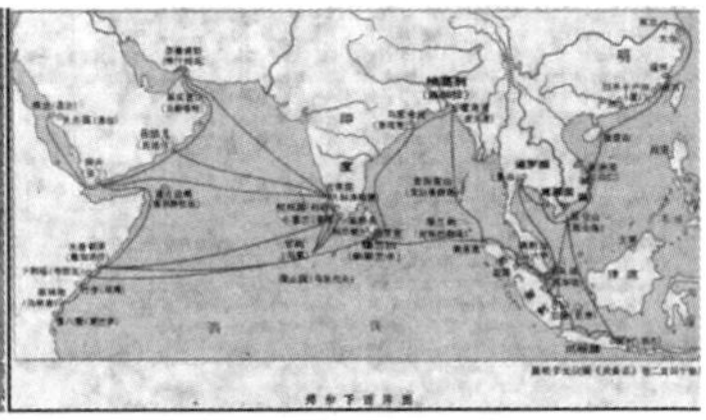
鄭和下西洋圖

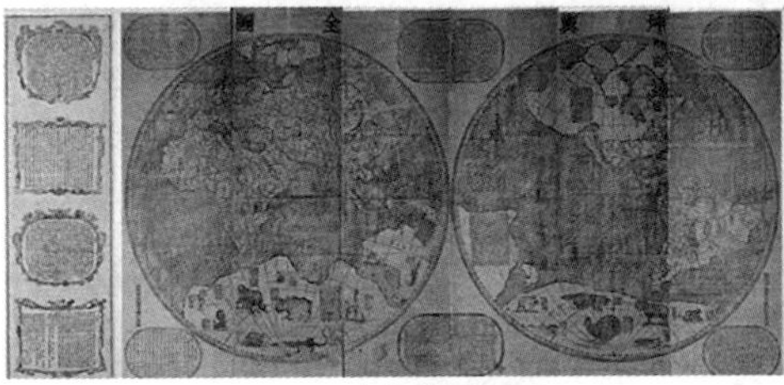
坤輿全圖

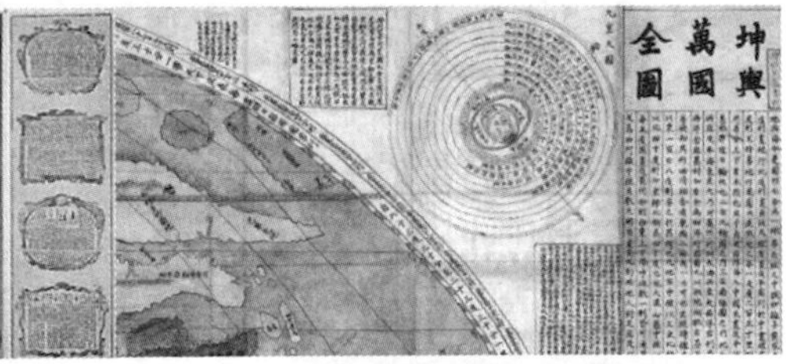

坤輿萬國全圖

體一致接受，不但跨越了所有不同宗教信仰、文化思想的藩籬，更被推崇為當今所有影視節目的霸主龍頭呢？

這當然和國家級背景主導有相當大的關係，而它能依順時代情勢的需求演進，更進一步勇敢地結合私人營利單位，不但重視福斯娛樂集團此私人營利公司，更仰福斯的影音技術、市場的規模、推廣能力等優勢，方才得以讓百年來所戮力的所有地理相關研究成果，呈現給全世界認識。或許這是因為有國家級背景的國家地理學會主導的成就，也或許這其中還有一個重要因素，就是「核心價值」。

網路媒體科技的日新月異，已經對你我的知識、觀念、認知、判斷、行為產生相當大的影響，更對種族的文化、習慣、風俗、生活方式，甚至是生、滅都產生極為重大的變化。而且是在訊息交流秒進千里、宗教文化等衝突日益加劇的衝擊之下，如何保存族群自有的文化、習慣、風俗、生活方式，更要獲得他族的彼此尊重呢？

而今所有的紛爭，大都來自於對他族文化知識、生活方式等的不認同甚至是藐視，或是覬覦、巧取豪奪他人的資源，這對已經有能力探索太空，卻還是生活在同一個地球的我們，儘管極為

中國地理會歷任理事長

中國地理會

張相文

痛心卻也無可奈何。如果可以讓族群間相互認識，經由認識而了解，經由了解而包容，包容中尊重彼此的差異，尊敬差異中謀求共需的利益，而得以共存共榮，那會是多麼好啊！

「國家地理頻道」是不是正在執行這樣的使命呢？可以確定的是，他們正在讓各個「族群」更了解彼此的文字、圖像、影片等，並以第三者的角度加以紀錄、報導、介紹。

或許這樣的內容、角度、報導方式所塑造的「核心價值」，正是被全世界的國家、所有的影音媒體一致接受的原因。

人類科技的歷史裡，「算盤」出現在三千多年前的中國，二千多年前就有了計算曆法的「齒輪式計算器」，約一千六百年，德國科學家施卡德（Wilhelm Schickard）發明了「機械式計算器」，十八世紀的英國數學家查理．巴貝奇（Charles Babage）的「分析機」，被認定是電腦的雛型，而被尊為是發明電腦的鼻祖。而後出現的「真空管計算器」、「電子計算器」及我們現在熟知的電腦、網路、手機等，這些隨著科技進步的發明，讓人類生活有了跳躍式的進步，也要感謝計算機的發明，讓我們在科技上得以突飛猛進，可是人類的信仰、文化、風俗、習慣、思想、生活方式等等的人文領域上，卻沒有如同科技的進步而更融合，不但停留在不認同、藐視、覬覦、巧取豪奪的紛爭

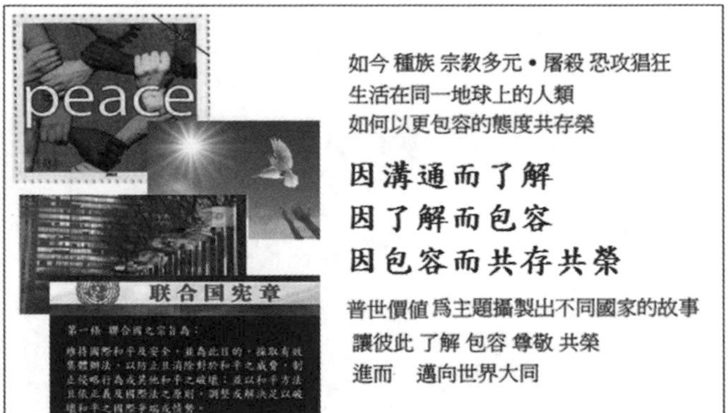
peace
如今 種族 宗教多元・屠殺 恐攻猖狂
生活在同一地球上的人類
如何以更包容的態度共存榮
因溝通而了解
因了解而包容
因包容而共存共榮
联合国宪章
普世價值 爲主題攝製出不同國家的故事
讓彼此 了解 包容 尊敬 共榮
進而 邁向世界大同

天涯若比鄰的簡報資料

衝突裡，更因為要爭奪地球的有限資源，或為了堅固保護自己的資源、領域，擴大族群區域的權力範圍等等，而產生了更多的對立與戰爭。

我們祈禱可以經由認識而了解，經由了解而包容，包容中尊重差異，尊重差異中謀求共益，而得以共存共榮，這也是人類邁向和平的路徑之一。對國家地理頻道，我們不只是要認同、感恩，更要追隨、跟進、學習、效法。

若能以更深入的內容、主題等，挖掘出人類共有的「普世價值」，或許就可以讓地球所有族群往可以共存、共榮的和平世界邁進。

然而，要製作一個能深入探求人類共有「普世價值」的內容節目談何容易。沒有國家的背景，沒有頻道巨擘的加持，更沒有已經積累幾百年地理學界資源參與，憑什麼可以效法「國家地理頻道，製作出與他們旗鼓相當的節目呢？

更何況，在一切都是以營利為目地的商業化世界裡，沒有資源、資金，僅僅只靠對人類和平共處的使命感，只會讓其他同業等著看笑話。現在影視業的製作，不但內容要以營利、商業為前提，挖盡心思創作出新的節目內容，還必須受到每個不同統治區的規範約束來調整內容。而在網路無國界的開放區域裡、特殊開放的鎖碼頻道裡，則有一些沒有被規範所束縛的「調皮內容」，情色、變態、偷情、凌虐、殺戮、格鬥、

查理、巴貝奇
Charles Babage

第一台儲存程序
計算器

差分機、分析機及真空管計算器

強暴、自虐等等節目，被當成獲利的工具而日漸茁壯，這也是拜科技所賜，並抓住所謂「人性黑暗面」的本質，讓追逐利益的業者有了得以獲利的園地。

或許因此，要製作一個能深入探求人類共有「普世價值」的節目是緣木求魚，可是也別忘記了雅虎、亞馬遜、臉書、微軟，不也是從什麼都沒有而橫空出世的啊！

一項曠世的事業能夠橫空出世，當然要有相當多的機緣，可是最重要的，還是它的「核心價值」及「商業模式」，就如同探索頻道（Discovery Channel）被全球認同一樣，還有很多的旅遊節目、以飲食為題材的節目等，都獲得很好的營收及成績，若是再深入的規畫，探求出人類共有的「普世價值」，一定是可以做出與國家地理頻道、探索頻道相輝映的「商業模式」。重要的還是有權力的決策者，是否具備了成就此「商業模式」的眼光呢！

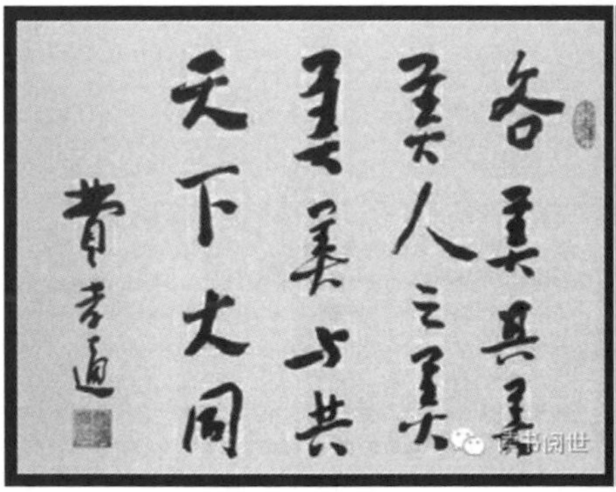

費孝通書法

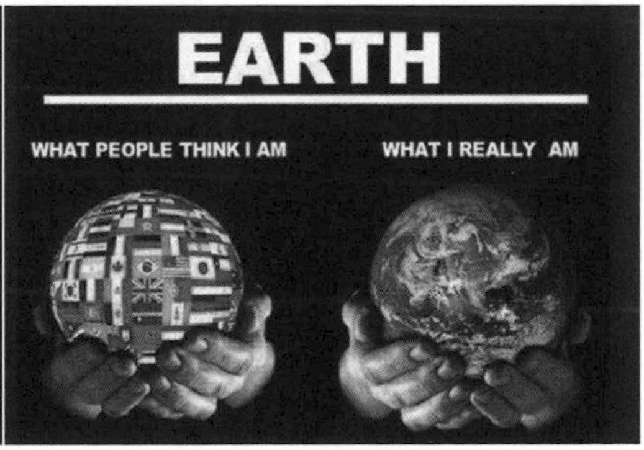

我們只有一個地球

chapter4

成就「大商」的元素

1 有些事就是要傻傻地做

古今中外有許多了不起的人，並不是因為他們有異於常人的特異功能，或真的是來自星星的人，而只是默默地從事他們自己覺得有意義的事，好像不做就活得很彆扭，不做，活著就迷茫了，不做，比死了還難過。就好像是有一個使命似的，有的工作會讓人覺得理所當然，因為他們世世代代就是這樣活過來的，有些工作卻讓所有的家人、親戚、朋友都覺得他在做傻事。

中國西南接近印度的小村莊裡，有一個工作世襲了幾百年、幾千年，世世代代都在從事著一樣的活。他們從出生的第一天，一直到去世的那一天，做的都是一樣的事情。而這樣一代接著一代的工作，影響著中國幾千年的文化風俗，甚至是朝代的起滅、族群的興亡。這個工作就是——印度經文的印刻工作。

在這個村莊裡，剛出生的小嬰兒在泥土地上到處爬來爬去的時候，父母長輩們正拿著刻刀，在木板上輕刻著來自印度的經文。因為每一片木刻經文的木片，只能油印幾十次或幾百次，就要重新製刻。油印好的印製品，還要由描繪者細心描繪上沾了金漆或紅漆、

商道即人道

黑漆的油料，再將整個描繪好的經文裝訂成冊，一冊一冊的讓當時的驢馬隊，一駝一駝的送往到中國的各地方去，這就是流傳在市面上來自於印度的佛教經文書冊。因為所選用的製作材料，是取用貝葉棕樹的葉子，經煮過後再曬乾製作，所以一般市面上稱之為「貝葉經」。

在還沒有紙張、刻印的技術時，書寫經文的人是用鐵筆先將經文烙寫在貝葉上，再上漆描繪，用鐵筆的烙寫者，自然是由經驗老道的長者所從事，初學者則是從小孩時期會拿描繪筆就開始了。

幾乎所有在這裡的人，都是用了一輩子的時間，只從事刻印經書的工作。日月盈昊，宇宙洪荒，對他們而言都沒有比刻印重要，一切的生、老、病、死，貪、嗔、癡、顛盡拋腦後，所有生命起源的一切自有輪迴、自有定數所安排，就這樣靜靜工作的延續了幾千年，這個小村莊卻影響了中國，影響了全世界。

我們有著「貝葉經」的流傳，流傳著第一個啟發了人與所有萬物皆平等的思想、人與天地宇宙之間的平衡和諧關係。

整理貝葉經

我們向那些一輩子只作刻印經書、製作「貝葉經」的無名者致敬的同時，更要向他們學習——有些事，傻傻地去做就好。

驢馬隊的駝送圖

修剪貝葉棕樹的葉子

貝葉經製作

整修貝葉棕樹葉

2 小人物的身影

印度有一個出生在窮困部落裡，注定要當農夫的小人物，十幾歲就需要靠養牛、賣牛奶來維持生活。有一天發生大洪水，家附近的沙洲上死了成千上萬條的蛇及其他動物，牠們或是被太陽曬死的，或是被熱死的。他看到沙洲上這樣的慘況，不由自主的大哭了起來（在印度的文化裡，蛇是通人性的靈物，眼鏡蛇更是印度三大主神之一「濕婆」的化身）。於是這個小朋友，立下絕不要讓這種慘況再次發生的願望，立即請求政府在沙洲上種樹。政府的回應是「沙洲上什麼都種不了」，怎麼辦？政府根本不理他，於是養牛、賣牛奶的他，在做完工作後，就自己到沙洲上種樹，一直種、一直種，歷經了不知道多少次被洪水摧毀的過程，他還是想盡方法的一直種、一直種，直到有一天，他種的樹木終於讓蛇及其他動物不再被太陽曬死或被熱死了。

可是，他種的樹木也引進了一些野獸進來，這些野獸們因為覓食，摧殘了附近農家所種植的農作，

賈達沃・帕仰與他種植的森林

於是他又被所有的鄰居排擠攻擊，成了全部落的公敵，怎麼辦？沒讀過多少書的他，要如何面對這個，來自於部落同胞的攻擊呢？

他也還是一直種、一直種，只是這次選擇了種果樹，尤其是野獸們喜歡又容易種活的香蕉樹。於是在沙洲樹林裡的食物越來越充沛，就沒有再發生農作物被動物摧殘的事件了。

這個小朋友在沙洲上種了二十九年的樹以後的二〇〇八年某一天，一支印度政府的動物保育隊，在跟蹤一群大象隊伍的時候，發現這批由一百多隻大象所組成的隊伍，沒有依循以往的路線遷徙，反而是走進了一片新的樹林，才讓這個三十年如一日，每天賣完牛奶就來種樹的小人物「賈達沃・帕仰（Jadav Payeng）」的事蹟被發現。他僅憑藉自己一個人的耕耘，種植了一片五五〇公頃的森林，一個人傻傻地種樹，卻成功修復地球生態的不可思議事蹟被報導出來以後，我們才得以仰望這個了不起的小人物的巨大身影。

象群

Jadav Payeng
Jadav Payeng在印度Majuli岛长大，从16岁开始在岛上种树，最后让沙漠变成了一片森林，被称为"印度森林之子"。

賈達沃 帕仰
Jadav Payeng

3 千年前的不虛此生

媽祖，誕生在福建湄州的官宦家女孩，是如何從閩南東南沿海，延伸到東南亞、東北亞，甚至遠到印度、非洲等地區，成為當地重要的信奉對象之一呢？

當地人因媽祖演變來的生活方式、營生模式、經濟動能等等，不但綿延千年，而且越來越巨大，這是如何造成的呢？

信仰，是人類體現生活的一種方式，尤其是對無法預測的結果、無法捉摸的未知、被奴役欺侮的生活、天災人禍的無奈、生老病死的經歷、陰晴不定的氣候變化等等，都有著無名的惶恐，一直以來，大都是用焚香跪拜、虔誠祝禱老天爺派遣救世神明降臨，讓惶恐的心有所依歸，因此有了眾多的神祇，耶穌基督、釋迦牟尼、真主阿拉、阿彌陀佛等等，祂們撫平了多少世代的人類，讓人類得以繼續綿延生命。

中國閩南地區以臨海捕魚維生，偏又海象多變，風雨詭譎，居民日夜祈盼的守護神於焉降臨。

撇開口耳傳說等佚事，僅錄文書記載之事，出身湄洲官宦家的女孩林默，自幼父母便施以嚴格教育，而其本身也聰

媽祖廟前的祭拜活動

湄洲媽祖像

慧過人，無論是天文地理、醫藥占卜均能融會貫通，尤為精通天象氣候，年紀輕輕，對詭譎天象都能詳細分析給居民們聽，該何時出帆捕魚、何時返航，何時會有颱風，何時陽光普照，有了默娘的指引，大都能避免禍事，對千年前的漁民而言，這真是老天爺派來救苦救難的神明啊！

有一次，漁民如往常的出海捕魚，沒想到海上一下子風雲變色，烏雲籠罩，風狂雨急，伸手不見五指。千年前沒有電力，更沒有燈塔，林默娘知道受困於海中的漁民根本找不到返航的方向，便毅然的將自己位於島上的房屋放火燒了，讓受困在海中的漁民看到火光，有了返航的方向。

林默娘看到常人所看不到的狀況，果斷做出正確判斷及處置，不正也是古今做大事者的特質嗎？

她在千年前的不虛此生，也讓媽祖永世流傳，造福眾生。

媽祖像

4 信仰的事業

信仰，在盤古開天就已經有了。從對天地自然等的無知衍生出各種或幻想、或祈求、或感應，只為求現實生活順利並能夠延續生命。當這些想法堅定了，就成為信仰。無論是古今中外，黑、黃、白、紅等各色人種，都有自己種族源起的信仰，雖然信仰不同，卻是人類共通的本性。經營信仰，也一直是全世界最大的事業，不但參與的人口最多，更主宰了人類文明幾千年的興衰。經營這樣的事業，一定要能夠讓人們有共同的想法，甚至是以身作則。

出生於台北貧困之家的黃欉先生，是行天宮的創辦人法號玄空，父親伐木做苦力，母親採茶打零工，十二歲就到煤礦場做童工，十五歲到五金行打雜時，與哥哥創業開了五金行，也因為開五金行才有機會接觸礦業，不到三十歲就陸續取得台北三峽、基隆等的採礦權而成為巨富。

成為巨富後，他與奉關聖帝君（就是三國時期的關羽）為主神的行天宮壇主郭德進居士來往，並極為認同他修身養性、濟世救人、勸惡向善的思想，進而潛心修道。

關聖帝君像

一九四五年，台北三峽地區瘟疫，黃欉向行天宮迎請關聖帝君回家膜拜，並闢「行修堂」恭奉「關聖帝君」，鄉里聞知皆來參拜，竟然瘟疫去除，從此奠定黃欉遵奉「關聖帝君」的義行，以服務大眾為一生的志業。

黃欉興建台北行天宮，並以弘揚關聖帝君的聖訓「孝、悌、忠、信、禮、義、廉、恥」為圭臬，不設功德箱、不收謝金牌、不燒金紙、不演戲酬神、不擺攤設鋪、不備拜牲禮、不對外勸募等，並以永續投入宗教、醫療、教育、文化、慈善的五大項目為志業。

行天宮又稱「恩主公廟」，主廟位於台北的民權東路，裡面主要供俸的就是三國時期的關羽，因其忠義，被後世尊為「關聖帝君」，自一九六八年完工啟用之後，立即香火不斷，信眾倍增。一座供人祭拜的廟宇，不但能維持香火綿延，還能以宗教為基礎，擴增醫療、文化、教育、慈善等濟世救人的數項志業，行天宮何以能讓信眾心甘情願的奉獻，出錢的出錢，出力的出力，毫無怨言？如果行天宮倒閉了，信眾會如何是好呢？問題是，行天宮會倒閉嗎？

行天宮並沒有實質的商品，絡繹而來的客人早期向路邊的商鋪買香，直接點香後，面向神主舉香祈拜即可。或是根本不用買香，自然就有所謂效勞生分香到你的手中（效勞生的香，也是信眾買來

台北行天宮

給讓效勞生分享其他祈拜者的）。到現在直接雙手合十或站或跪祈拜即可。需要收驚解厄的客人，亦可由專門收驚解厄的效勞生志工協助，需要求籤、擲筊等，亦有效勞生志工安排。其他尚有祈求風調雨順、國泰民安的祈安法會，幫信眾消災解厄、逢凶化吉的祭解，祝禱信眾平安的平安袋、平安卡等等服務，年收的善款可高達新台幣五億元。也因年年不斷的善款，讓行天宮投入的醫療、教育、文化、慈善等濟世救人的事業能循環不斷的成長壯大。

行天宮，代表著台灣千百萬家聚集信徒之力，來濟世救人的宮、廟、寺、教、堂等型式的信仰組織，大都以分派善糧、善米、善油、善衣、善鞋、善棺、善款等民生為主的善行來濟世。也有具規模的組織團體會興建醫療機構、醫院來救人，而虔誠信徒的出錢出力，正是這些濟世救人的宮廟得以行善的動力來源。這也是以信仰的「核心價值」，所打造出來的「商業模式」。

經營信仰也是事業，全世界各種族、各族群，都有經營信仰的事業。以「信仰」這樣的商品來營運的事業體，不但是全世界最大的事業體，更主宰了人類文明幾千年的興衰。我們祈禱所有經營此項事業的單位能以創造萬民福祉為己任，共為世界和平努力。

5 有使命就去做

一個位於中國浙江省、福建省、江西省三省交界的小縣城，在二次世界大戰的時候，讓日本在中國的戰役裡，嘗受到極少見的敗仗。此戰役雖然延緩了日本大軍長驅直入到閩南的時間，卻也讓中國人因為營救轟炸日本東京而掉落到此山區的美國空軍飛行員，而遭到日本的戰爭報復，付出了二十五萬中國人死傷的慘痛代價。

這段歷史，是當時從事影視工作的王先生與朋友王懷任先生在聊天間，慢慢的被發掘開了，被揭開的。不只是這個縣城老百姓營救美國飛行員的歷史，也發掘出原來蔣經國，身體裡有一半的血液，是與毛澤東，源自同樣一個家族，這還不是一般的關係，而是有著一半毛家血的血親關係。

美国杜立德将军(右 4)率领 B-25 轰炸机首度空袭日本的，完成任务后飞往浙江省迫降，获军民搭救。

图 / 傅中提供

感谢当年相救 杜立德孙女感谢中国
联合报／记者程嘉文 / 台北报导/2011-8-24

故事要追溯到蔣經國的父親蔣介石。蔣先生年輕的時候，就在父母的媒合之下，娶了同村莊的毛福梅女士為妻，不多久就生下了長子蔣經國。而毛福梅女士正是由毛家的祖居地遷到浙江奉化，與毛澤東同是遷徙自一樣的毛氏祖居地，而經由毛氏族譜確認後，蔣經國的母親，就是毛澤東的堂姊毛福梅女士，還是屬於同一個輩分的，只是毛福梅女士年紀比毛澤東大些。按照中國的習俗，蔣介石就是毛澤東的堂姐夫，蔣經國要喊毛澤東堂舅，這可能是在蔣介石、蔣經國過世後都還不知道的秘密，蔣經國的身體裡有一半的毛家血。

這個奧妙機緣，還要感謝浙江省文化廳產業與科技處處長何蔚萍，當時任江山市的副市長時，幾經波折才帶著「江山清樣毛氏族譜」往北京「國家諮詢委員會」評審確定，現今收藏於中國檔案文獻室。

這秘密隨著塵封的毛氏族譜出現被確認了，可是在這個縣城裡，還隱藏著更多的秘密，讓王先生恨不得立即動身進行實地考證。一來是因為這是拍成電影相當好的題材，不但有當地老百姓營救當時轟炸日本後，因燃料不夠而掉下來的美國飛行員故事。二來這裡又有中國近代兩位爭天下的對手——毛澤東與蔣介石竟然是姻親的

毛泽东手写体，“江山如此多娇”

毛福梅和蒋经国

姻緣。

有些事就是要去做，好像不做就來不及似的，不做就會渾身不自在，就在與提拔導演李安、又籌備製作電影《臥虎藏龍》（Crouching Tiger, Hidden Dragon）而拿到華人第一座美國奧斯卡金像獎外語片的製片人，徐立功先生的第一次成功合作後（第一次合作是協助徐立功先生製作《飲食男女2》《好遠又好近》，獲得金門酒廠的贊助），徐立功先生再次表示願意參與這部電影的製作，來到了這個縣城。

這是一個丘陵起伏的山城，一來就感覺到特殊風情。在當地獨有的「穀燒」白酒助長下，打開話匣子的長者娓娓道來這個與台灣、與國民政府、與日本偷襲珍珠港、與中國第一個特務組織、與中國的風水等等，有著微妙關係的地方。

這個縣城約二千平方公里，僅有五十萬人口，地方雖小，卻是近代中國最重要領袖毛澤東的祖居地，也是趕走荷蘭人的鄭成功的孕育地，地理位置又是歷代京杭大運河

大陸國家檔案局的毛氏族譜

東南端的終點，自古就是浙江、福建、江西三省水路、陸路交通的重鎮，繁榮有如「小上海」。長者這麼說著，這個山城不但孕育大人物，更有個極為巧妙又很不平凡的名字，「江山」，中國浙江省的江山市。

從毛氏祖居地眺望，不得不感嘆這裡的地理風水，左邊近在咫尺的「江郎山」，拔地而起，聳立雲霄，在二〇一〇年被聯合國科教文組織頒定為世界自然遺產，右邊不到一千公尺的湖泊，像極了張著五爪的金龍，讓人不得不感受到這頂天立地、龍蟠虎踞的氣勢，怎麼會不出偉人呢？或許，這裡真的是出天子的寶地吧！

這不凡的江山勢（江山市），還真的誕生了天子級的大人物，除了毛澤東之外，還有或許是因為娶了由這裡遷徙到奉化的毛福梅女士，才得以有機會與毛澤東爭江山的蔣介石，而毛福梅女士的兒子蔣經國，也才當上了台灣的總統吧！

相對於中國，相對於浙江省，「江山市」是多麼小的地方啊！但是與這裡相關的後世子孫，出了三位天子

浙江江山市的江郎山圖

級的領袖，與這裡有關的毛氏子孫裡，歷代就出了八十三名進士，八名尚書，還沒有算到國民政府時期的六十五位江山市籍的將軍，及歷代四百多位進士。

當然，這些將軍的誕生與住在毛氏祖居地隔壁的保安鄉、創辦國民政府軍統情治系統的戴笠先生有關，毛澤東的祖居地與戴笠先生是鄰居，這又是極為奇妙的緣分啊！這牽動著近代中國命運的緣分，若是蔣介石知道，戴笠就住在毛澤東祖居地的隔壁鄉鎮，還會不會任用戴笠呢？

從戴笠的故居往上走去，就是孕育民族英雄鄭成功的「仙霞關」。鄭成功在這裡展露了治軍才能，不但嚴謹治軍，更注重養成培育。因為帶領在這裡嚴守「仙霞關」的官兵，違抗父親鄭芝龍棄守的軍令，寧可與清兵戰亡也不願棄守。他後來雖然退守到台灣，卻因為忠貞而被封為延平郡王。「仙霞關」下，也還飄盪著當時嚴守「仙霞關」的官兵所留下來的書香古鎮二十八都。而正是在這裡，寫下了讓日本人過不了「江山」的一頁。

國民政府的特務早在日本偷襲珍珠港前，就破解了這項機密行動，而破解這個情報的，也正是國民政府時期唯一的女將軍、浙江省江山市的姜毅英女士。這個重要情報，不但牽動著美國在二次世界大戰中，參與亞洲、中國戰區的命運，也埋下了當地為了營救美國飛行員，而慘遭日軍報復，造成二十五萬中國人死傷的慘烈代價。

密宅内的通讯设备

戴笠密宅内的秘密旋梯

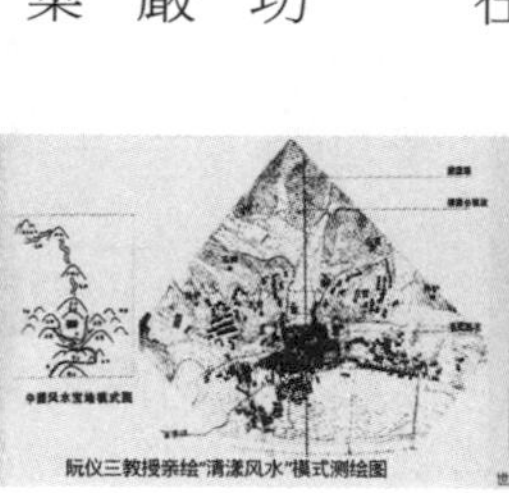
阮仪三教授亲绘"清漾风水"模式测绘图

世界自然遗产——江郎山

這個慘痛的代價，卻漸漸被美國有權力的領導人們遺忘了，這也是王先生要馬上動身來這裡實地調查並策畫成電影的動力，好像不立即做，就來不及了似的，不馬上公諸於世，就會渾身不自在。這段被遺忘的真實歷史，展現出中國人在二戰期間，為了營救美國飛行員不顧性命的高貴友誼。

確認了這個極具戲劇張力的題材後，就啟動美國及大陸、台灣等多方同步的再深入調查，了解票房、法規等的工作，以便詳細掌握這個題材的電影布局、方向及市場高度等。

從美國回報的調查中了解，之前有一部集眾多好萊塢大明星，並由後來拿到奧斯卡導演獎的班・艾弗列克（Ban Affleck）擔任男主角的國際大片《珍珠港》（Pearl Harbor），美國人普遍對劇中班・艾弗列克駕機轟炸日本，返航時掉落到中國後發生了什麼事極為感興趣，並回報判定此片在美國會有票房，而且有可能策畫成《珍珠港》的續集。

另一方面，當時東亞的情勢也很險峻，清朝時期，日本以武力做後盾，迫清朝簽訂不平等的馬關條約割讓台灣。琉球、台灣周圍群島，自古本是屬於中國的，日本一直到侵略中國的戰爭失敗投降，才無奈同意歸還台灣等諸島。可是日本卻依然不斷的以各種方式強行占領屬於台灣

仙霞关第一关

的釣魚台，而造成釣魚台主權爭議事件，甚至是發動武力攻擊，而美其名是維護釣魚台主權的驅離行為，來混淆國際視聽。還搞出了所謂持有釣魚台原始島權的島主，將釣魚台賣給日本政府的荒謬事件。

台灣自一九五〇年代起，就一直為日本侵占釣魚台的事件，以和平理性的態度與日本交涉，試圖來處裡釣魚台主權爭議問題。就算是日本自一九九〇年後，漸漸以武力攻擊，甚至是將在釣魚台附近捕魚的台灣漁船撞沉，台灣也還是秉持著和平理性的原則與日本交涉。這不是因為台灣人懼怕日本，而是因為台灣人愛好和平的本質，也珍惜與日本及所有友好國家、地區的友誼。

而美國的領導人們在二〇一〇年後，對釣魚台主權爭議事件不斷的在日本背後添材添火，將原本可以由中、日雙方平和處理的爭議，推向了可能爆發戰爭的邊緣。我們無法了解美國領導者的如意算盤是如何計算的，將釣魚台主權爭議事件向戰爭的邊緣推進，不但是台灣的大劫難，也是東亞甚至是影響到全世界的大災難。或許美國的領導人已經忘記，或是根本就不知道：日本偷襲美國的珍珠港後，美國為了報復日本，而由杜立德將軍率領

PS06

日本防衛隊與保釣船衝突

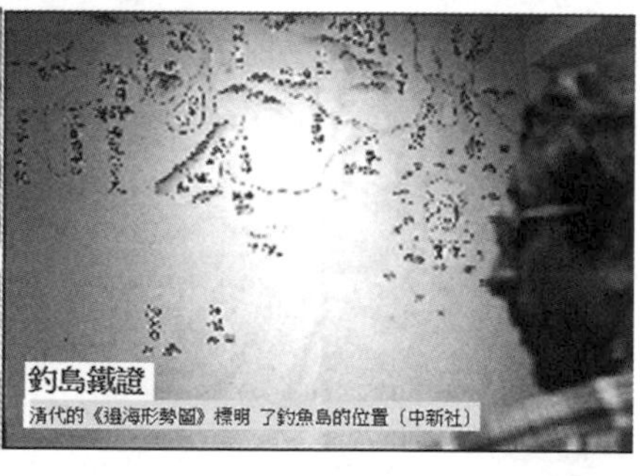
釣島鐵證
清代的《邉海形勢圖》標明 了釣魚島的位置（中新社）

美國轟炸機隊轟炸日本，返航後因油料不足掉落在中國的美國飛行員，被當地老百姓全部營救成功並送返美國了；這份中國老百姓對美國飛行員付出的珍貴友誼，卻在日本發動侵略戰爭時，遭到日本特別加以報復，讓當地的中國老百姓付出了二十五萬人死傷的慘烈代價。

我們無法，也沒有能力，用更大的力量來阻止美國將釣魚台主權爭議事件向戰爭的邊緣推進，但或許能用這個題材的電影來提醒美國人，中國人曾經為協助營救美國飛行員而付出這個僅次於南京大屠殺的代價，呼籲珍惜可貴的和平。

江山市，孕育出中國的兩個領導人，毛澤東與蔣介石爭奪「江山」的機緣，卻也際會出營救美國飛行員，讓日人過不了「江山」的史實。或許經由這部電影，可以讓美國人回看歷史，喚起維持和平的省思。

沒想到這部電影，除了票房，還可能會有這樣的影響，那！這部電影要怎麼策畫呢？

日本偷襲珍珠港圖像

回顧近期的電影史，由中國人製作的電影，很少在美國會有票房，就算是加入獲得美國奧斯卡金像獎的大明星、邀請美國製作團隊製作、與美國電影公司合作等，也是一樣不合美國人口味，下場是「票房慘敗」。反之，由美國人主導，尤其是好萊塢所製作的中國題材電影，可能是風靡全球的國際大片，就算從頭到尾都是演中國題材、中國人故事，或是有中國元素的電影，都會席捲全世界。最有名的例子，就是卡通《花木蘭》。由好萊塢的迪士尼一九九八年所製作百分之百中國人故事題材的電影《花木蘭》，不但創下全球超過美金三億元的票房，更讓一半以上的日本人頭一次知道了中國有個「花木蘭」。這部百分之百中國故事題材的電影，還是部卡通動畫片。而這樣的成績及製作，也同時打開了中國題材可以享有全球高票房的大門，接續而來，由好萊塢製作的中國題材電影，也都交出了席捲全球票房的亮眼成績，像是《功夫小子》

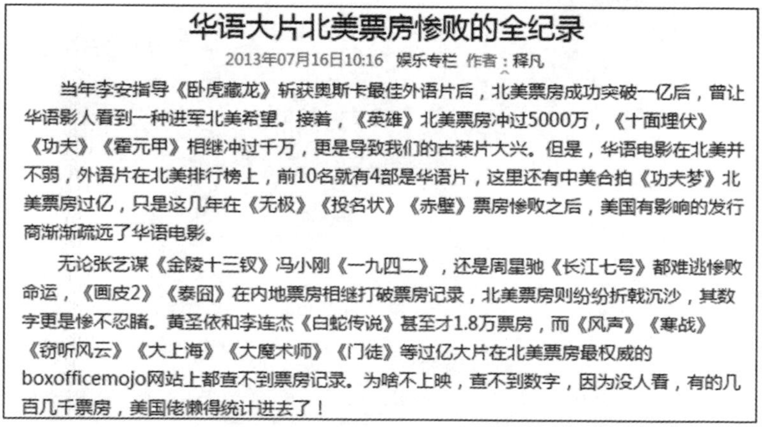

华语大片北美票房惨败的全纪录

2013年07月16日10:16　娱乐专栏　作者：释凡

当年李安指导《卧虎藏龙》斩获奥斯卡最佳外语片后，北美票房成功突破一亿后，曾让华语影人看到一种进军北美希望。接着，《英雄》北美票房冲过5000万，《十面埋伏》《功夫》《霍元甲》相继冲过千万，更是导致我们的古装片大兴。但是，华语电影在北美并不弱，外语片在北美排行榜上，前10名就有4部是华语片，这里还有中美合拍《功夫梦》北美票房过亿，只是这几年在《无极》《投名状》《赤壁》票房惨败之后，美国有影响的发行商渐渐疏远了华语电影。

无论张艺谋《金陵十三钗》冯小刚《一九四二》，还是周星驰《长江七号》都难逃惨败命运，《画皮2》《泰囧》在内地票房相继打破票房记录，北美票房则纷纷折戟沉沙，其数字更是惨不忍睹。黄圣依和李连杰《白蛇传说》甚至才1.8万票房，而《风声》《寒战》《窃听风云》《大上海》《大魔术师》《门徒》等过亿大片在北美票房最权威的boxofficemojo网站上都查不到票房记录。为啥不上映，查不到数字，因为没人看，有的几百几千票房，美国佬懒得统计进去了！

華語片在北美的票房紀錄

（The Karate）、《功夫熊貓》（Kong Fu Panda）、《神鬼傳奇三》（The Mummy Tomb of The Dragon Emperor）、《不可能的任務三》（Mission Impossible 3）等等。當然，這些片子也全部都在美國本土大受歡迎。

為什麼由中國導演、中國主導製作的電影，無法敲開美國市場呢？是因為中國沒有國際級的導演嗎？中國也有許多在國際得獎的國際級導演，像張藝謀、陳凱歌、馮小剛、李安、吳宇森、侯孝賢等等啊，為什麼只有李安、吳宇森會有一些差強人意的美國票房呢？

事實上，中國籍或華人血統的導演並不是沒有美國票房，像是九歲就從台灣移民美國的林詣彬所執導，由好萊塢環球影業發行的電影《速度與激情》（The Fast and the Furious）第三、四、五、六集，不但屢創新票房紀錄，還協助另一位華裔導演溫子仁主導第七集的速度與激情。而林詣彬導演更被挖角執導另一部電影，預計於二〇一六年中旬上映的《星際爭霸戰三》（Star Trek 3），此片極有可能打破電影有史以來的票房紀錄。另外，由派拉蒙影業製作，布魯斯威利（Bruce Willis）、巨石強森（Dwayne Douglas Johnson）等主演的《特種部隊二》（G.I. Joe:Retaliation），也是由中國浙江溫州籍導演朱浩偉執導。

這些在美國本土和全球電影市場裡，都繳出亮麗票房的華籍導演，有一個共同點，就是都由美國正統導演科系教育出身，包含李安導演也是。他們執導的電影能夠在美國和全球市場有票房，當然是要由美國影視公司主導，更重要的是必須用美國人的方式思考。要獲得美國人接受，一定要以美國人的邏輯、文化、角度、方式思考，整體的團隊也都必須是在這樣的條件下來製作電影，才會符合美國人的胃口，即便全部都是中國題材、元素，甚至全部的演員都是中國人，在美國也會有票房，就像是李安執導、哥倫比亞發行的純中國作品《臥虎藏龍》（Crouching Tiger, Hidden Dragon），不但獲得美國奧斯卡最佳外語片等四座金像獎的肯定，也在美國開出了超過美金一億元的票房，讓美國人感受了中國武俠世界的風采。

那！這部「營救美國飛行員」的電影，要怎麼策畫呢？故事題材不但是發生在毛澤東與蔣經國母親的祖居地「江山」，更有著毛澤東與蔣介石定「江山」的對日抗戰，又有讓日本人過不了「江山」的戰役，及為了營救美國飛行員，慘遭日軍報復而造成二十五萬中國人死傷的史實。這樣悲壯、豐富，又有使命的題材，要怎麼策畫，才能在美國開出亮麗票房，更期盼能喚起美國人的記憶，朝著維護東亞和平的方向邁進。

王先生將此部電影往中、美聯合製作的方向策畫，定調由美國好萊塢的電影公司主導，由他們安排導演、主要演員及最重要的以美國人思路所修改的最終劇本，中方則安排由拿到華人第一座奧斯卡金像獎的製作人徐立功先生，及中國國營背景的電影公

李安執導、哥倫比亞發行的純中國作品《臥虎藏龍》，獲得美國奧斯卡最佳外語片等四座金像獎。

司共同參與。

期待這部發生在「江山」的電影，可以早日上映，預祝此片讓美國電影公司在中國賺大錢，更期待此片可以喚醒美國人回顧中美珍貴友誼，也同時期盼可以讓台灣、讓東亞、讓全世界不再有戰爭。

王先生邀約製作人徐立功先生訪問浙江江山市

6 挫折成就不朽

文藝復興時期，一位深受當時音樂、繪畫、雕塑等藝術界工作者所喜愛的同行，因為對美食、烹飪、料理的講究，加上愛搞笑、幽默又有創意的個性，讓他遊走在各個社交活動裡，廣受當時不只藝術界，更包含社交界、商界、金融界的歡迎。有一天為了生活所需，他承接下了老闆的特別指示，策畫一場有創意並能不落俗套的晚宴，這個工作正好可以發揮他愛料理又多創意的專長。

為了晚宴的別開生面，他發明了一個能產生前所未有猛烈爐火的廚具、一套可以自動送餐盤的輸送帶設備，為了維護廚房安全的自動灑水消防設備，更為了讓所有賓客終身難忘，特別邀約一百多位藝文界的朋友，共同捲起袖子下廚做拿手菜。一切都在他的計畫下逐步進行著，所有賓客也都在期待這舉世無雙的晚宴展開。

李奧納多・達文西畫像

就在這時，自動送餐盤的輸送帶突然故障失火，卻也立即啟動效率極高的自動灑水滅火設備，成功滅熄了火災，可是所有的食材，以及全世界的第一套自動化廚房全浸泡在消防水中，更讓一百多位當時藝文界的菁英，以落湯雞的造型，驚慌失措的衝出失火的廚房。這個震驚義大利米蘭時尚圈，讓當時執世界藝術牛耳，歐洲文藝復興巔峰時期笑談了幾十年的晚宴承辦者，就是被譽為最了不起的藝術家、發明家李奧納多·達文西（Leonardo da Vinci）。

達文西一生都在對抗失敗，一直沒有讓他成就出一件自認成功的事情，包含他的畫作，也都沒有獲得當時藝術圈，時尚圈等成功級的肯定，甚至是被現代藝術界認為絕世巨作的〈基督最後的晚宴〉，當年也被認定是件失敗又未完成的作品，更遑論他好高騖遠的草稿、規畫圖、筆記，甚至是給米蘭公爵盧多維科·斯福爾扎（Ludovico Sforza）的自我推薦信裡，自述可以製作的如下發明：

·輕巧、堅固、能防火又可拆卸組裝的戰爭用橋樑。

·圍攻時，可以切斷水源、打造壕溝或用浮橋或雲梯等工具。

·可以摧毀底部不是用石頭建築的任何建築物的技術。

·輕巧可攜帶的砲具，並用小石頭做滾輪，用煙霧讓人恐慌而令敵人受驚嚇及重大損失。

·可以靜悄悄的在任何地方打造彎腰或是直立而行的地下通道，必要時也可以穿越河流或壕溝。

·打造可以穿越敵人密集區的盔甲戰車，為主人的軍隊開出一條安全大道。

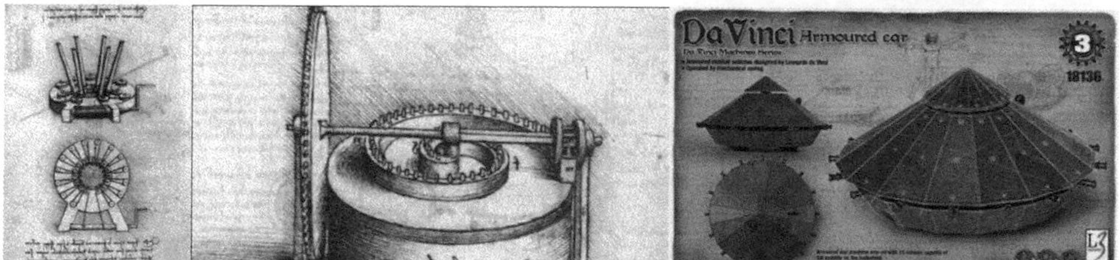

達文西發明的作品繪圖

・適當的場合下，建造大砲、狙擊砲或與眾不同的輕兵具。

・無法使用大砲時，可以用投石機代替，更可以在同樣的時間內發揮無限大的攻擊量。

・戰火在海上時，可以建造無論何時防守或攻擊並有效阻擋火力、大砲的發動機。

種種軍事上的技術或設備，都停留在文字、圖像階段。

他還留下了大約一萬三千件混合藝術與機械、科學的手稿，雖然展現了達文西在科學、機械，戰爭用途，工程、醫學、藝術上如天才的驚人知識，但是這些創新發明卻也只是躺在他的筆記、手稿、圖解裡，幾乎都沒有實現過。沒有實現過是因為沒有實現的金錢，更沒有遇到實現的機緣。

而這些沒有實現卻超越當代的知識、技術，卻在二十世紀的現代陸續實現了，包括無段變速的自動變速箱、人體局部解剖學、跨越土耳其金角灣的達文西橋、潛水艇、坦克車、機械齒輪機等等。

達文西是名符其實的「先知科學家」，可是這位「先知科學家」在他的有生之年，卻要不斷的要為三餐、為生活奮鬥，還要對抗所有的失敗及無法實現的夢想帶給他的孤單與寂寞。

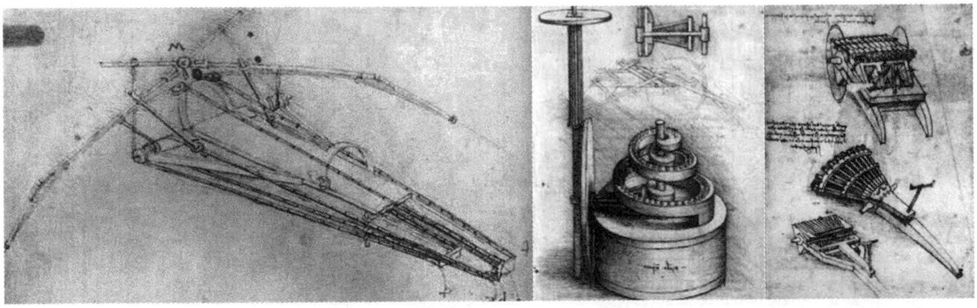

達文西發明的作品繪圖

唯一留在世間的作品，也都是他為了換取三餐溫飽、維持生活所繪製的作品，包含〈蒙娜麗莎的微笑〉〈抱銀鼠的女子〉〈基督最後的晚宴〉等十幾幅繪畫作品，卻也在他死後還給他藝術大師的桂冠。而那些未實現的草稿、筆記、草圖等，也在他死後，成就了他超越繪畫藝術領域的科學、醫學、工程、機械、天文、地質、建築等方面的非凡成就。從小沒有受過正規教育，還是私生子的達文西，認真對抗失敗的一生，成就了他成為舉世公認的偉大藝術家、科學家、先知。

認真對抗一生的失敗，是達文西帶給我們的人生態度。永不放棄的學習、探求知識的努力，讓沒有受過正規教育的達文西可以超越所有藝術家侷限在藝術領域的成就，也讓活在當代的我們及所有的後世，得以徜徉在他一生的成就裡。這一切都來自於他將所有的想法、計畫以文字、圖像等方式紀錄了起來，這個紀錄讓我們得以一窺達文西，對抗失敗的一生，一窺這位先知大師的偉大非凡。

紀錄並流傳下來，是成就偉大的基礎，縱然學得傲世才識，卻只能藏於肚內，孤芳自賞，又與廢人何異。反之，縱使是一生落魄，生不得志，卻也因為留下紀錄，或可成就了傳世而不虛此生。

對抗挫折失敗，更能激發向上的動力，或許在享受滿足的環境

基督最後的晚宴

抱銀鼠的女子

蒙娜麗莎的微笑

中，就會滅失了創造不凡的機緣。

有一個自小就生長在極為富裕家庭的小男生，享受了所有的榮華富貴後遭遇到家族破敗，而流落到三餐不繼的貧困中。自小的榮華富貴，造就了他手無縛雞之力的纖弱體質，卻也學得了舞文弄墨的專長。在文人朋友的影響下，及對不願就這麼讓家族以往的顯赫歷史隨風消逝，於是就將自己年幼時的生活，以看似談情說愛的故事，其實是紀錄當時榮華富貴的生活，以小說的格式紀錄了起來，就這樣造就了中國最偉大的著作《紅樓夢》。《紅樓夢》又名《石頭記》《風月寶鑑》，而寫這部記錄童年故事的作者，就是晚年極為落魄，靠朋友救濟、靠賣字畫為生的「曹雪芹」。一個生於中國清朝，父親任江寧織造，接待過清朝康熙皇帝六次下江南巡視的皇親貴族家庭。

曹雪芹到死時也沒有想到，因為不願讓往事就此隱去，而紀錄了從小發生在周遭事物的小說，竟然成為中國文學上公認的偉大著作之一，更沒有想到，這部看似談情說愛的小說，竟然成為文學家們深入探索研究的一項學問。這個晚年與貧困交迫共生，與孤寂纏病為伴，最後更

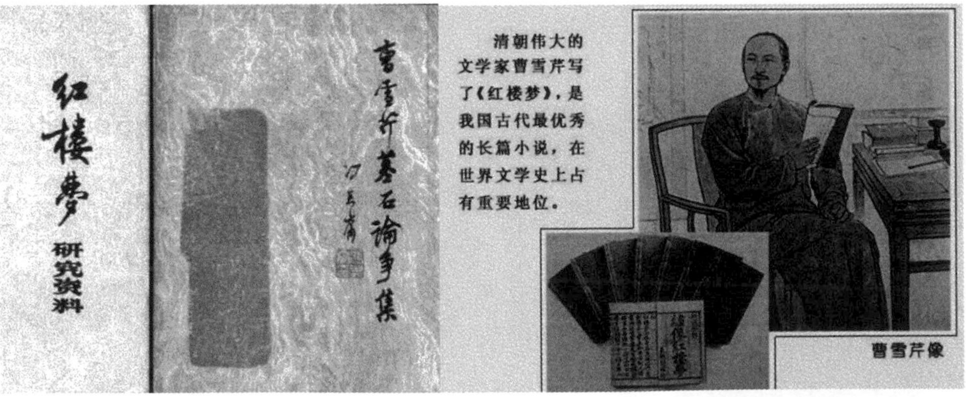

曹雪芹畫像及紅樓夢書籍

死於饑寒的曹雪芹，也就是因為他對抗破敗、用文字抒發不甘心的紀錄，而成為中國最偉大的文豪。他的《紅樓夢》，不但文學家必讀，更有專門研究此部書的組織，而取名為「紅學研究。」對紅學的研究，不只是研究敘事的內涵、對當時生活的考證及了解、書中人物角色的情感個性詩詞歌賦的精鍊文字、烹飪料理的飲食文化、服飾衣著的織料型式、情感交錯的不勝唏噓、引人入勝的故事轉折等等，更探索政治、哲學、管理、階級、教育、宗教、信仰等全方位領域。這著作不但拓展了知識，展現了中國文化美學，更豐厚了精神層次的享受，對後世的文學家、著作家甚至是科學家、領袖級人物等等，都有著極大的影響，幾乎所有中國近代風雲人物例如王國維、蔡元培、胡適、魯迅、毛澤東、莫言等等，都受到紅樓夢的影響。從近代中國最重要的作家之一「張愛玲」的作品，就可以發現紅樓夢的影響及啟發。張愛玲的自序裡就表示了，紅樓夢是她創作的泉源，尤其是她著作的《紅樓夢魘》更指出，人生最憾事就是「紅樓夢未完」，可見此書對她極大的影響力。

我們從困頓的曹雪芹身上看到，困頓不是無能，困頓不是失敗、毫無作為，反而因為困頓激發出動力，成就了不朽。歷

紅樓夢裡的女子畫像

史上有許多大文豪、大思想家，也因為經過了困頓的歷練、將對抗失敗、對抗不滿、對抗不得志而成就了不朽。除了之前說的達文西，還有中國的李白、杜甫、蘇東坡，寫《神曲》（La Divina Commedia）的義大利人但丁·阿里及耶利（Dante Alighieri）、英國的大詩人及革命家喬治·高登·拜倫（George Gordon Noel Byron）、蘇聯的大文豪、政治家馬克西姆·高爾基，以及將一生奉獻給對抗極權暴政的切·格瓦拉（Che Guevara）。

切·格瓦拉本名艾內斯托·格瓦拉（Ernesto Guevara），祖父是阿根廷的地區總督，母親家族也是曾任西班牙駐祕魯總督的貴族家庭。如此卓越的家庭背景，又以優異的成績在布宜諾斯艾利斯大學醫學系就讀，並取得醫師資格，他原本可以過著富裕又受尊敬的生活，卻在環遊南美洲的旅行後，選擇了從事推翻暴政、打倒極權的革命事業，並以一生來實踐這個長期處於艱困、顛沛流離、分秒都在死亡邊緣而不一定看得到明天的太陽的革命事業。這異於常人的決定，卻成就了切·格瓦拉永遠的不朽。

切·格瓦拉圖像

一般選擇投入革命，都是被政權壓迫到必須用武力對抗的時候，切·格瓦拉並沒有受到當時阿根廷政權的壓迫，而是在遊歷拉丁美洲（南美洲）的時候，看到了這塊土地的貧窮與苦難。而造成這些貧窮與苦難的正是社會的不公平、掌握國家的政權壟斷資源、新殖民主義霸占了土地掠奪了市場、帝國主義奪取他國領土奴役他國人民所造成的不平等。這些啟發了切・格瓦拉，一生為人類基本的公平正義而奮鬥。

一九五三年，切・格瓦拉投入了瓜地馬拉總統阿本斯領導的社會改革，尤其是農作、土地的改革，惹惱了與美國中央情報局關係匪淺的聯合果品公司（United Fruit Company），改名為金吉達品牌國際公司（Chiquita Brand International Inc.）。美國中央情報局在宏都拉斯成立由瓜地馬拉軍官所組成的傭用軍，領導軍事政變，終結了瓜地馬拉總統阿本斯的政權，也讓切・格瓦拉投入的社會改革止步。他卻因而結識了流亡的古巴革命人士，勞爾・卡斯楚（Raul Castro）及他的哥哥，古巴革命的領導人菲德爾・卡斯楚（Fidel Castro），並在一九五六年十一月二十五日與菲德爾・卡斯楚等總共八十二名戰士，擠在格拉馬號小艇上，航向古巴，開啟了推翻古巴獨裁者巴帝斯塔政權的路程。就是由八十二名戰士的游擊戰開始，歷經兩年多的大小戰役，一九五九年一月二日由革命領導人菲德爾・卡斯楚帶領的革命軍，占領古巴首都哈瓦那（Havana），獨裁者巴帝斯塔出逃，終於革命成功，建立了由菲德爾・卡斯楚領導超過六十年和平的古巴。

身為古巴革命領導者之一的切・格瓦拉，被任命為古

切・格瓦拉（右）與古巴的同志勞爾卡斯特羅

巴的檢察長、國家銀行總裁、工業部長等職位，並在一九六四年代表古巴出席聯合國的十九屆大會。就在任高官職位的經歷中，他無法苟同為官者萎靡奢華的生活，並與菲德爾・卡斯楚對於許多事物的認知上產生差距，也不願因而影響到菲德爾・卡斯楚的政權，於是選擇離開古巴，再次投入繼續為人類基本的公平正義而奮鬥的使命中，加入被霸權荼炭的剛果游擊陣營，以及推翻波利維亞霸權的革命陣營。

在他給菲德爾・卡斯楚的離別信中，特別指出自己無法認同官僚、奢華、浪費，因為他發現許多革命者都是在豪華的汽車裡、在漂亮的女秘書懷抱裡喪失了以往的志氣，所以為了保持革命者的形象，他只能選擇繼續戰鬥。只是這次在波利維亞的革命行動，讓他斷送了性命，死於美國幕後策動殲滅他的波利維亞革命戰場。美國成功殲滅他，卻也成就了他用生命為革命樹立典範的一生。

切・格瓦拉一生為人類基本的公平正義而奮鬥的革命事業，不但樹立了人類追求公平正義不惜付出生命代價的典範，也展現比生命更可貴的基本價值，更對新殖民主義的霸占、帝國主義的侵略等，不惜用生命予以反擊，讓我們反省身處在公平正義的和平世界，是多麼的難得而可貴。

美國的大思想家杜威說，「生命誠可貴，愛情價更高，若為自由死，

切・格瓦拉在古巴的壁畫像及在大陸的紀念圖

兩者皆可拋」，闡釋了自由的價值。切．格瓦拉用一生的奮鬥淚血，為人類基本的公平正義樹規，更開啟了我們對生命價值的深入認識。錦衣玉食、榮華富貴的享受滿足，只會蠶食實現理想的堅定信念，更在獲得物質滿足之後放蕩、萎靡、墮落。跳脫出物質滿足之後的認知、格局、作為，才得以繼續實現理想，航向成為不朽的國度。

而說到視物質享受如敝屣的偉人，就是阿爾貝特．史懷哲（Albert Schweitzer）無疑是其一。出生在宗教家庭，生活無虞隨著任牧師的父親長在德國佈道的環境裡，潛移默化的奠定了濟世救人的志願，並且用一生來實踐濟世救人的工作。

史懷哲在童年的時候，就展現了善分享以及有擔當、悲天憫人的個性。有一次，老師要同學將捐贈給貧窮家庭的麵粉拿到教室的桌子上，他將帶來的麵粉分了一半給沒有帶麵粉的同學，以免這個貧窮的同學被看不起。又一次，老師責罵是誰將掛在教室裡的圖畫都弄到地上，所有同學都噤聲不語，史懷哲挺身而出，結果被罰站。同學問他不是你弄的，為什麼要承認自己犯錯呢？他回答說：「我犯的錯是沒有保護好教室的掛圖，又讓同學被老師責罵，我願意被處罰，是期望自己不要再犯錯。」好幾次，同學邀他去釣魚，他找了好多的理由推辭，是因為他感受到魚被釣上來的痛苦。一生

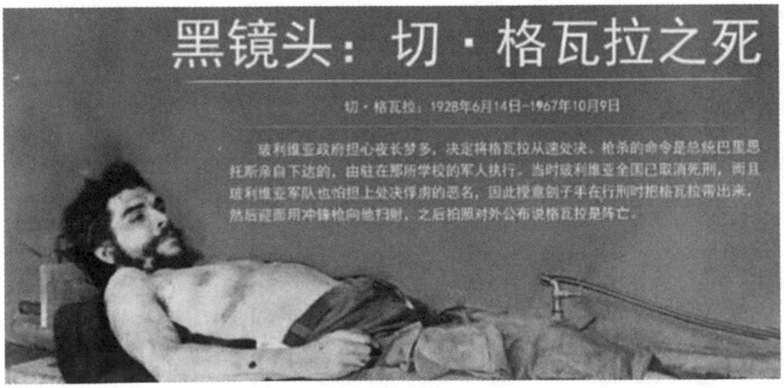

切．格瓦拉辭世照片

吃素的他，雖然信奉基督教，卻有著與佛教相同悲天憫人的大愛。他的筆記裡就記載了對佛教大愛的認同，絕不可以殺死、虐待、辱罵、折磨、迫害有靈魂的生命。他對生命的尊重，也從他的格言中獲得驗證：除非人類能夠將愛心延伸到所有的生物上，否則人類將永遠無法找到和平。

史懷哲二十一歲就立定好志向了，三十歲以前要把生命奉獻給傳教、教書與音樂，三十歲以後把自己奉獻給全人類。他不但於二十三歲時就獲得神學、哲學的博士學位，並在音樂、教書、傳教等有了相當的成果，更出版好幾本對闡釋基督教有相當貢獻的著作。追求理想也實現了夢想，讓史懷哲過著優渥又被尊敬的生活，可是卻絲毫沒有動搖他三十歲以後把自己奉獻給全人類的目標。他花了七年的時間，重新進學校讀醫學系，並在取得醫學博士學位後，毅然辭去了神學院院長的職位，離開了環境優渥的故鄉，帶著妻子投身到非洲，以養雞場改建叢林診所，在全世界最落後的非洲行醫，幫助最窮困的非洲人民。這一幫就幫了五十幾年，一直幫到他死去後，他所創辦的醫療機構，也還在實踐他行醫的工作，並一直到現在。

阿爾貝特．史懷哲在非洲

史懷哲留給我們的不只是他所創辦的醫療救援機構，在非洲成就了多大的貢獻，救助了千千萬萬的非洲人民，更影響了千萬的領導級人物、公司機構、宗教團體等對生命的尊重，並起而延續他創始的志業。每年有千百位醫師效法他去醫療資源缺乏的偏遠地區行醫，還有無法估計的人道救助捐款捐資源的善行廣為流傳。

我們也從史懷哲身上，再一次見證生命的價值，尤其是當今以追求財富、獲得優渥物質的多寡來判定生活價值的資本主義思想，對人類、對萬物是多麼的危險。所有資本主義國家都在想盡辦法謀取、搶奪、占領、把持地球有限的資源，處心積慮發動各種手段，用基改種子、化學肥料等控制糧作，製造族群、團體等矛盾衝突，以維護資源的掌控。又以不實的證據發動侵略戰爭以霸占他國的資源，都在在顯現出資本主義社會對生命、對萬物的剝削，新殖民主義的霸占、帝國主義的侵略帶給人類永無翻身的災難循環。

不論是基督教義教導了史懷哲的濟世救人，或是史懷哲的濟世救人實踐了基督教義的真諦，史懷哲的奉獻讓只懂得追求物質享受、累積財富的資本主義觀念價值，有一個反差和對照，呈現出有意義、有理想、有使命的正面人

史懷哲的著作及與夫人的合照

生。也讓我們得以對生命、對生活、對和平、對自己有了正向的能量，效法對抗挫折失敗的達文西、無懼飢寒困頓的曹雪芹、為人類基本公平正義而奮鬥的切・格瓦拉，以及用行醫闡釋大愛生命的史懷哲，他們的無私、無懼、追尋生命價值的犧牲奉獻，豐富了世間的生命，也帶給自己非凡意義。

7 向偉人看齊（人類歷史上「誰」對人類最有貢獻）

有一天，與幾個朋友在討論「人活著的意義與價值」。有越來越多人就是在享受著「生為人」的生命，無論是貧窮是低賤，或是富有、高貴，就算是每天無所事事，也會有著讓自己生命美好的幸福感，一些如環境、氣候、四季演變等的變化，正是讓自己感受在地球上活著的不同體驗，更有不同的食物，滿足自己「食」的本性，還有著滿足生理需求的能力，繁衍後續生命反而成為，抹滅享受這個生命的噩夢而避之不及，或根本不在意需要承擔繁衍後續生命的發生或責任。這是個人「活著的意義與價值」，不管你我認不認同，也要予以尊重。

每個人對於「人活著的意義與價值」，都會有自己的認同及目標，對有權力的決策者而言，在決定組織、公司發明、技術、商品等要怎麼規畫，或了解、洞察什麼樣的「商業模式」最適當時，除了考慮利益、價值、壽命、涵蓋範圍、影響版圖，衡量對人類有什麼樣的貢獻也是至關重要的。因此，有權力的決策者需要具備哪些的特質呢？要怎麼實踐「人活著的意義與價值」呢？或許我們可以由歷史上「對人類有貢獻的人」來探尋一些軌跡。

繼往的人類總數量，比現在活著的數量還要多出很多，從已經蓋棺論定的「先行者」們，來探尋這個軌跡，或許會比較客觀些。

就像所有活在這個地球上的生物一樣，人類活著的目的，就是延續後代，為了要讓自己更有「力量」以延續自己的，任何手段都無所謂的。不過萬物之靈的人類「自己的生命要怎麼活」，多了不同的思考及認知，不同人、不同種族、不同文化的認知及價值的認定中，有沒有一些「活著的意義與價值」，是大多數人，普遍認同的呢？

我們嘗試提出一個問題，來探討這個議題：在人類歷史上，對人類最有貢獻的是「誰」？這個答案或許有很多可能，也許在不同的答案裡面，我們可以概略的了解這個議題，也就是在人類的族群裡，有一些代表的「人」，讓大多數人類可以認同，覺得「他活著的意義與價值」對人類有貢獻。你也可以嘗試想想看，「誰」對人類最有貢獻呢？

愛因斯坦

愛因斯坦（Albert Einstein），一八七九年出生在德國猶太裔家庭的科學家。幼年時就有語言障礙，一九〇〇年二十歲從蘇黎世理工學院畢業，全班只有五名學生，他是第四名。他取得了當老師的文憑，畢業後選擇到瑞士專利局任職，並繼續在蘇黎世大學攻讀博士。一九〇五他以「分子大小的新測定法」，獲得博士學位，並在同年發表「光電效應」、「布朗運動」，「狹義相對論」、「質量與能量的關係」等四篇論文。「光

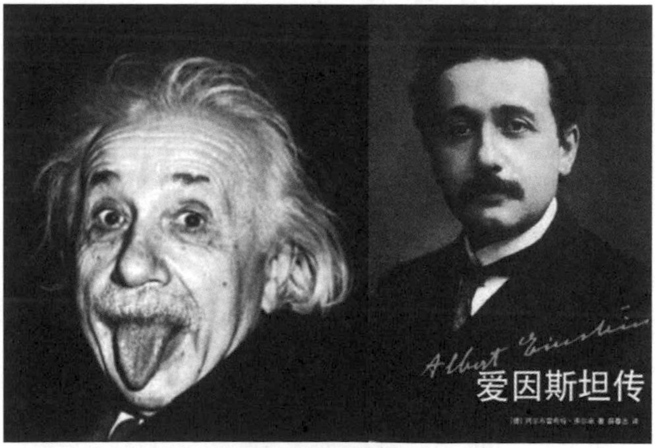

愛因斯坦 Albert Einstein

電效應」讓他獲得了諾貝爾獎，「質量與能量的關係」卻埋下了日後美國製造出原子彈的種子。一九一五年發表了「廣義相對論」，提升了人類對物理、宇宙的視野，一九一七年「論輻射的量子性」提出「受激輻射理論」，創造了雷射的學術領域。

愛因斯坦在年輕時候，就已經提出讓人類更加認識宇宙的理論，不但讓人類繼續大步往文明前進，更得以向浩瀚宇宙的出發探索奠定基礎，影響之巨大不言可喻。

愛迪生

愛迪生（Thomas Alva Edison）發明留聲機、電影攝影機、鎢絲燈泡、直流電力系統等，是擁有累積超過一千五百項專利的發明家，他的發明對人類有著極大的貢獻。

愛迪生因為晚熟，從小被老師認定是笨蛋。本身是老師的母親，將他接回家自己教育，因此他連小學畢業

愛迪生 Thomas Alva Edison

的文憑都沒有。在火車上賣報紙、糖果點心的少年時期，啟蒙了他認識社會的生態。這時期他重聽耳聾了，卻讓他獲得火車站的報務員工作，需一小時發一次訊號給車務中心。愛迪生發明了「自動發訊號的發報機」，來幫他發訊號。有了這個自動發報機，讓他可以偷懶睡覺，卻被抓到了。雖然發報機的發明很棒，可是也讓他被解雇了。

自動發報機展現了愛迪生學的才能，尤其是對電訊、機械的才能，也因而讓他成立了公司，從事電訊、電報、機械維修等相關工作，並專門維修、改良事務用機械，如黃金、股票行情顯示器、印刷機、複製機等等，也成就了他發明改良印刷機、複印機等。並進一步成立了實驗室，專門從事研發、改良、發明等的。

一八七七年的留聲機、一八七九年發明了比貝爾（Alexander Graham Bell）更清楚的電話、一八八〇年取得燈泡專利及而後的電力系統、攝影機、放映機、蓄電池汽車、圓盤唱片、一九一二年的有聲電影等等，累積超過一千五百項的專利，自一八七九年創辦的通用公司或稱奇異公司（General Electric Company）至今還在日進斗金中。

阿尔弗雷德·
貝恩哈德·諾貝尔
阿尔弗雷德·伯纳德·诺贝尔（Alfred Bernhard Nobel, 1833.10.21－1896.12.10）是瑞典化学家、工程师、发明家、军工装备制造商和炸药的发明者。
诺贝尔一生的发明极多，获得的专利就有255种，其中仅炸药就达129种，就在他生命的垂危之际，他仍念念不忘对新型炸药的研究。他不仅把自己的毕生精力全部贡献给了科学事业，而且还在身后留下遗嘱，把自己的遗产全部捐献给科学的事业，用以奖励后人，向科学的高峰努力攀登。今天，以他的名字命名的科学奖，已经成为举世瞩目的最高科学大奖。他的名字和人类在科学探索中取得的成就一道，永远地留在了人类社会发展的文明史册上。

諾貝爾 Alfred Nobel

愛迪生及他的實驗室超過一百位夥伴的發明成就，不只改善了人類的生活，而是以百折不撓、勇於嘗試、不斷創新、永不放棄等等的實踐，成為後世效法的典範，也樹立了人們對他的尊敬。

諾貝爾

雖然已經死了一百多年，可是在當今活著的人裡面遴選出對人類最有貢獻者，還是要他說了算。這個人就是出生在瑞典的化學家諾貝爾（Alfred Nobel）。

諾貝爾這個已經過世一百多年的化學家怎麼會產生這麼大的影響呢？所有那些諾貝爾獎的得主，一直到死都會在得獎的光環裡度過，而在獲獎前，也只能跟你我一樣，繼續為「活著的意義與目的」打拼，這兩者有著天壤之隔，這就是諾貝爾的影響力。何以化學家諾貝爾先生，有這麼大的影響力呢？他的貢獻就是發明了「火藥」，雖然他發明的「火藥」帶動了人類往現代化文明大步邁進，可是也改變了人類戰爭的型態，造成世界極大的傷害及死亡。他卻賺了很多錢，也

獲得諾貝爾獎的華人

頒發諾貝爾獎的典禮

成了巨富，可是在晚年的時候，對自己的發明造成人類的傷害及死亡相當自責，於是在遺囑裡特別撥出款項成立基金會，由基金會頒獎給當代「對人類最有貢獻」的人。

諾貝爾的思想、行為、決定等，讓他成就了不只是發明家的桂冠，更獲得了「對人類最有貢獻」的成就高度，只是一個思想、行為就能改變諾貝爾在人類歷史上的定位及成就，這是何等的領悟啊！

孔子

同樣有著這樣影響力的，當然還有宗教領袖，像是耶穌基督、穆罕默德、釋迦牟尼等等。還有一位比耶穌基督早生五百年的中國人「孔子」。

孔子的貢獻，在於他中晚年才開始而後戮力一生的教學事業。

孔子的教育事業是如何建立的呢？他是如何在華人地區造成凡有學校，必有孔廟，有孔廟還不一定有學校的境界？又是如何在人類歷史上寫下了前無古人、後無來者的紀錄，並由後世子孫世襲了兩千多年都當官的紀錄的偉業，又是怎麼建立的呢？

這首先要歸功於華人的繁殖力，當今的地球人類，最多的就是華人了（目前孔家後裔就超過三百萬人）。而影響地球範圍最大的文化，就是華人文化了，在這樣的背景下，只要是華人族群所推崇的最有貢獻的人，就可能名列人類歷史上最有貢獻的偉人之一了。

當孔子在有生之年的「活動內容」，有什麼特殊之處，何以一個僅七十餘年的生命，可以影響兩千多年來大多數的華人族群，備受推崇及景仰呢！

首先，孔子所創建的是人類得以邁向文明發展的教學業。學習已漸漸成為所有人類共同的基本權利了，而孔子所啟發、散播、耕耘、種植、結果、繁衍、傳承等等的思想行為，又是以「仁」為中心思想所展現的忠、孝、信、愛、恕、禮、義、廉、恥等「個人」及「人與人」的相處文化，築建出人類以「和諧」以禮為主的生活規範，並以此奠基了處事、立國的藍圖。你看！這是不是與現在追逐利益、金錢掛帥、凡事以錢來論英雄的功利主義思想完全不同呢！

那「孔子」又是怎麼創建出這樣的事業呢？

這還要感謝他的「對手」，要不是他與工作上、仕途上、政治上、思想上的「對手」，孔子也無法創建這樣的事業來。西元前五百多年，孔子年輕時就在當時的幾個諸侯國（齊、魯等國，就是現在的山東地區）生活、任職、講學，並在五十歲的時候，任職祖國「魯國」時立下功績而做到了位極人臣的高官。可是好景不常，因與同朝的「對手」對立，致使他被迫離開自己的祖國「魯國」，也就是這個「被迫離開」，成就了孔子傳承兩千多年的教學工作。

跟著孔子離開的，還有他的學生、弟子、隨從、認同他想法的人等。他要離開祖國「魯國」之前，當然也做過規畫，包含要去哪裡「謀生」的安排。初期也如同之前規畫的安排，一如以往的與接待「客地」的人士往來互動，同

孔子像

時延續他在「祖國」時的講學生活。新的地方也會有新的朋友，因此也加入了仰慕而來的新學子們的學習。

可是規畫趕不上變化，雖然在新的地方交了新的朋友，也有新的學子及追隨者，卻同時也樹立了新的「對手」。於是，被迫離開「祖國」的情形又再次發生在「客地」了，孔子及其跟隨者又必須再次離開「客地」，往新的「客地」遷移，就這樣一個「客地」一個「客地」的遷移。

每到新的「客地」也都會交到新朋友，新學子，可也不是所有的學子、追隨者都會跟著往「新客地」遷移。在當地收的新弟子，大都留在原來的地方，而這些留在原地的學子們，將自己在「孔子」身邊學習到的文字、知識、觀念、思想等等，也在當地傳播、繁衍起來。孔子就這樣在客地顛沛流離了十幾年，流浪了當時中國的所有諸侯國家，終於在他七十歲的時候，被祖國「魯國」迎接回去，可是這個如同流浪般的十幾年的生活，卻營建了一個有系統，還可以複製的教學模式。

孔子授課圖

在民智未開的兩千多年前，還是農、漁、牧的時代，所有的「好生活」都是因為懂文字、有常識所建立起來的。習字、讀書是享有「好生活」的唯一途徑，於是那些跟著孔子學習的當地弟子，將所學習的也依樣畫葫蘆的在當地傳播起來。就這樣，孔子的學生繁衍開來，一代一代傳承，也造就了「孔子」成為啟蒙華人世世代代求學、講學、教學的創始導師，被華人尊為「至聖先師」，也成為對人類最有貢獻的偉人之一了。

我們檢視「孔子」所傳授的事業內容，它沒有對立的宗教思想，不是以牟利為出發點的商品，不是強權式的奴役制度，不是獨裁式的威脅恐嚇，不是對立式的戰爭，不是自私自利的思想，而是沒有爭議的學習、講學、教學模式，以「仁」為中心思想的內容。以「仁」為中心思想的內容就是「產品」，以定點式的講、授、教的方式，傳授給來學習的弟子就是推廣方法。來學習的弟子是「消費者」，自願以其他「商品」來取得孔子給予的教、授「商品」，而駐點的「營運者」就是可以複製又可以一代傳一代的孔子學生、學生的學生們，就這樣在華人的族群裡延續、傳承、發展了兩千多年，這是不是很熟悉，像不像現代的所謂「商業模式」啊？

孔子提供這樣的「商品」，若是以現代推廣模式來規畫，也許就會像許多思想家一樣，以「著作」的形式，由書商或是網路來推廣，或可經由一場接一場的講演來闡述，或是有學界提供一個長期的課程讓「孔子」來教授，或是變成一門

孔子授課圖

學派，由認同的學子們加以傳承等等。然而，要演變成一個事業體制，還能延續兩千多年，卻不是所謂對的「商業模式」就可以做到的。

中國在這兩千多年裡，幾乎所有朝代的權力階級和富貴階級都是誕生自「孔子」所創建的這個「教授體制」的「商業模式」，而且無論朝代怎麼演變，教授的內容怎麼演化，這樣的「商業模式」始終不變，甚至更繁衍到地球上有華人的每一個角落。

孔子像及孔子廟的祭孔典禮

8 「大商」的格局

回到「誰對人類最有貢獻」的議題上，愛因斯坦、愛迪生等的科學家、發明家，當然是偉大的，這個偉大在於他們的發現和發明，如果又有可以複製、繁衍、傳承的方式及方法，那就更好了。

諾貝爾等的貢獻，當然也是偉大的，除了諾貝爾晚年幫助人類的領悟而成立了諾貝爾基金會，也因為有了瑞典，以國家的力量，讓諾貝爾的精神得以延續下去，更可以讓生生不息的後生晚輩們，也以貢獻人類的目標前進。無論有無獲得諾貝爾獎肯定，此模式必將一直延續下去，同時更彰顯了諾貝爾的偉大，期盼這個獎勵大家「貢獻全人類」的模式，可以再繼續延續千年、萬年。

宗教界的爭議，幾千年來就一直是族群間紛擾的起源，有多少不同宗教信仰的、族群，就為了信仰的不同，而遭受生靈塗炭的命運，甚至導致整個族群的滅亡。或許在外星智慧生物出現後，這個導致人類戰亂了幾千年的爭議起源可以消弭。

相對於「孔子」以「仁」為中心的思想，有教無類、因材施教等的觀念，與諾貝爾晚年悲天憫人的「領悟」，是否也可以讓不同的宗教信仰接受呢？這或許可以反照出有權力的決策者，在規畫「商業模式」的時候，除了認清「核心價值」，更要以宏觀的高度，來審慎這個「商業模式」的延續性、影響性，而決策者的心胸、認知、學養、心性、品格等等，也是決定此「商業模式」的歷史高度的因素。其成就的不僅僅是個商人而已，更是成為對人類有貢獻的「大商」。

「大商」的格局，或許如同中國宋朝大思想家張載的註解：為天地立心，為生民立命，為往聖繼絕學，為萬世開太平。

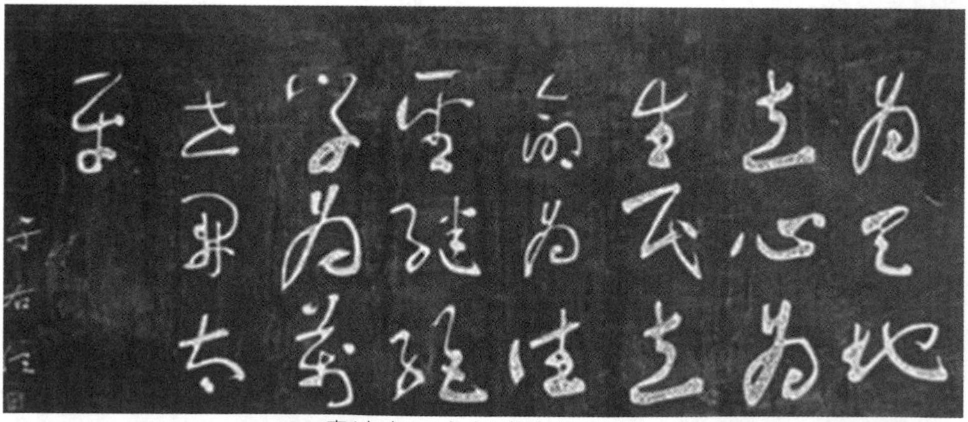

書法家于右任書寫張載的
「為天地立心，為生民立命，為往聖繼絕學，為萬世開太平」書法

後記

時代前進的巨輪，滾進了多少英雄豪傑，前進的速度，遠遠超過駕駛藍寶堅尼追趕的你我，在這個永不停歇的巨輪裡，我們也僅僅是一個如蜉蝣般微不足道的過客，有什麼是我們可以在滾動巨輪下，留下的正面印記呢？

在此特別感謝引領我進入電腦業的尹祺先生，一位在時代巨輪下已烙製永恆印記的良師益友。

也要感謝提供我圖片的朋友及公共網站，如若有未查明而侵權的情事，在此特別致上最深的歉意，並懇請盡快與我聯繫，以便彌補過失。

也懇請對本書提供的思維、內容等，與以批評及指正，更期待在您的批評指正下，得以反省、修正、進步，長智慧。

王祚彥 於台北師大路星巴克

國家圖書館出版品預行編目（CIP）資料

佈局決定格局 / 王祚彥著. -- 第一版. -- 臺北市 :
樂果文化, 2016.07
224 面； 17×23 公分. -- (樂經營 ; 12)
ISBN 978-986-93011-6-9(平裝)

1. 企業管理

494.1　　105008616

樂經營 012

佈局決定格局

作　　者／王祚彥
總 編 輯／何南輝
責任編輯／韓顯赫
行銷企畫／黃文秀
封面設計／張一心
內頁設計／上承文化

出　　版／樂果文化事業有限公司
讀者服務專線／（02）2795-3656
劃撥帳號／50118837　樂果文化事業有限公司
印 刷 廠／卡樂彩色製版印刷有限公司
總 經 銷／紅螞蟻圖書有限公司
地　　址／台北市內湖區舊宗路二段121巷19號（紅螞蟻資訊大樓）
電　　話／（02）2795-3656
傳　　真／（02）2795-4100

2016年7月第一版　定價／260元　ISBN 978-986-93011-6-9
本書如有缺頁、破損、裝訂錯誤，請寄回本公司調換